RAUMLUFTFRAGE IN DER INDUSTRIE

GEZEIGT AN

UNTERSUCHUNGEN ZUR LÖSUNG DER RAUMLUFTFRAGE IM TEXTILBETRIEB

VON

DR.-ING. OTTO OLDENHAGE

GRONAU/WESTF.

2. AUFLAGE

Mit 65 Bildern, 14 Zahlentafeln
und einem Anhang

VERLAG VON R. OLDENBOURG
MÜNCHEN 1951

Inhaltsübersicht.

Vorwort zur zweiten Auflage

Als vor 10 Jahren die „Raumluftfrage in der Industrie" erschien, fanden die darin enthaltenen Untersuchungen über klima- und lufttechnische Fragen in der Textilindustrie einen so großen Anklang, daß die erste Auflage in kurzer Zeit vergriffen war. Das Interesse für die Raumluftfrage im Textilbetrieb ist wach geblieben, wenn auch die Erstellung geeigneter Anlagen in zahlreichen Betrieben, bedingt durch die Kriegs- und Nachkriegsverhältnisse, um viele Jahre verschoben werden mußte.

Da die Untersuchungsergebnisse und die gesammelten Betriebserfahrungen nach wie vor ihre Gültigkeit haben, soll der Aufbau und Inhalt der zweiten Auflage unverändert bleiben. Hinzugefügt habe ich jedoch Gedanken über Probleme bei der Klimatisierung von Arbeitsräumen in der Textilindustrie, über den Kostenaufwand für Heizung in klimatisierten Ringspinnsälen und über Luftbefeuchtung in der Zellwollspinnerei, um den Inhalt der ersten Auflage noch mehr abzurunden.

Möge auch die zweite Auflage dazu beitragen, das Verständnis für den Wert einer richtig aufbereiteten Raumluft in den Arbeitsräumen des Textilbetriebes und den dadurch zu erzielenden besseren Ablauf der textilen Fertigung zu steigern.

Gronau (Westfalen), Juli 1950.   Otto Oldenhage.

Aus dem Vorwort zur ersten Auflage

Die Raumluftfrage im Textilbetrieb ist in den letzten Jahren in den Brennpunkt des Interesses von Fachkreisen der Textilindustrie und ebenso der Lüftungsindustrie gerückt.

Jahrzehntelang gab es auf diesem Gebiete nur ein Tasten und Fühlen. Die Textilindustrie mußte sich mit den oft sehr zweifelhaften Erfolgen der Luftaufbereitung in den Arbeitsräumen zufrieden geben.

Eine Änderung der Einstellung zur Raumluftfrage brachte für den Textilfachmann offensichtlich eine fertigungstechnische Umstellung im Spinnereibetrieb mit sich. Dadurch nämlich, daß aus den Spinnsälen die Selfaktoren allmählich entfernt und durch Ringspinnmaschinen ersetzt wurden, wurde die Raumluftfrage in sehr empfindlicher Weise berührt. Mit dieser Umstellung war eine wesentliche Leistungssteigerung verbunden und in gleichem Maße stieg auch der Kraftbedarf der Spinnmaschinen. In einem Arbeitssaal, in dem die Selfaktoren durch Ringspinnmaschinen ersetzt wurden, mußte der Kraftbedarf für den Antrieb der Arbeitsmaschinen verdoppelt werden. Damit wurde also auch der Wärmeanfall durch die Umwandlung der mechanischen Energie in Wärmeenergie in diesem Arbeitssaal um 100% vergrößert. (Der Wärmeanfall im Ringspinnsaal übersteigt mit sehr großem Unterschied den Wärmeanfall aller anderen Arbeitsräume im Textilbetrieb.) Dieser außerordentlich großen Steigerung des Wärmeanfalls konnte man mit den bisherigen Befeuchtungs- und Lüftungsanlagen nicht mehr Herr werden. Eine ernste Prüfung dieser Tatsache wurde eine unbedingte Notwendigkeit.

In seinem Berufe als Betriebsingenieur im Textilbetrieb kam der Verfasser mit all diesen Fragen in enge Berührung. Herr Professor Dr.-Ing. Marcard, Hannover, gab deshalb die Anregung, die Raumluftfrage im Textilbetrieb einer eingehenden Prüfung zu unterziehen und die gesammelten Betriebserfahrungen zusammenzufassen; für seine hierzu erteilten wertvollen und jederzeit gern gegebenen Ratschläge sei ihm aufrichtig gedankt. Zu weiterem Danke ist der Verfasser den Herren Betriebsführern der Firma F. A. Kümpers, Rheine in Westf., verpflichtet, die in entgegenkommender Weise und mit außerordentlich großem Verständnis die Betriebsuntersuchungen ermöglichten und das dazu erforderliche Arbeitsmaterial zur Verfügung stellten

A. Einleitung.

Die Raumluftfrage hat in der Textilindustrie für die Verarbeitung von Faserstoffen eine große Bedeutung. Dies erkannte man schon frühzeitig. Aus dem Schrifttum über den Einfluß des Raumluftzustandes auf die Eigenschaften der Textilien und auf deren Verhalten im Fabrikationsprozeß seien nur einige Hinweise gegeben (1, 2, 3) *).

In den meisten Betriebsabteilungen der Textilindustrie hatte die Luft in ihrem ursprünglichen durch das Klima bedingten Zustande Eigenschaften, die sich auf die Verarbeitung der Faserstoffe nachteilig auswirkten. Man versuchte deshalb die Raumluft auf die verschiedenste Art in einen günstigeren Zustand zu bringen. Die hierfür gewählten künstlichen Mittel brachten aber in den meisten Fällen lange Zeit nicht den gewünschten Erfolg. Man kann annehmen, daß dies seine Ursache in einer mangelnden Kenntnis lufttechnischer Fragen hatte.

Dafür kann man aber nicht die Textilindustrie verantwortlich machen: Denn es ist Sache der Lüftungsindustrie, Anlagen zu schaffen, durch die die Raumluft aufbereitet und in den Zustand umgeformt wird, den der Textilbetrieb verlangt.

Der Textilfachmann kann die Lüftungsindustrie als Hilfsindustrie ansehen. Trotzdem aber muß er auf dem Gebiete der Lüftungstechnik ausreichende Kenntnisse besitzen, um selbst das Urteil und die Entscheidung darüber fällen zu können, welche lufttechnische Anlage für seinen Betrieb zu wählen ist. Dabei sind insbesondere vier Gesichtspunkte zu berücksichtigen:

1. textiltechnische,   3. bautechnische,
2. gesundheitliche,   4. wirtschaftliche.

Leider besitzen die meisten Textilingenieure heute noch nicht diese Kenntnisse. Die folgenden Untersuchungen werden für den Textilfachmann eine Hilfe in seinem Berufe sein. Durch diese Arbeit soll ein Beitrag zur Lösung der Raumluftfrage in der Textilindustrie geliefert werden, der besonders heute eine große Bedeutung beizumessen ist:

Solange die Raumluft im Textilbetrieb nicht den günstigsten Zustand hat, muß bei der Verarbeitung von Faserstoffen mit Verlusten an Rohstoffen und mit Fehlern in den Textilerzeugnissen gerechnet werden. Die Ausnutzung der vorhandenen Rohstoffe muß aber auf das größtmögliche Maß gesteigert werden. Die deutsche Textilindustrie muß deshalb neben ihren anderen großen Aufgaben im Rahmen des zweiten Vierjahresplanes der deutschen Reichsregierung auch der Raumluftfrage Beachtung schenken.

Die Untersuchungen der vorliegenden Arbeit wurden in Baumwoll- und Zellwollspinnereien und Webereien eines Textilbetriebes in Nordwestfalen durchgeführt. Die Versuchsergebnisse haben also zunächst nur Gültigkeit für diesen Betrieb. Da in anderen Textilbetrieben die Verarbeitung von Textilien sich aber in gleicher oder ähnlicher Weise abspielt, darf man den erzielten Untersuchungsergebnissen allgemeine Gültigkeit beimessen.

*) Die eingeklammerten Zahlen verweisen auf das Schrifttum am Ende des Beiheftes.

1*

B. Raumklima im Textilbetrieb.

1. Erstrebenswerter Luftzustand im Textilbetrieb.

Im Textilbetrieb, und hier besonders in der Spinnerei, können im Arbeitsvorgang Fehler auftreten. Das ist bei jeder anderen maschinellen Fertigung auch der Fall. Ganz allgemein kann die Ursache insbesondere sein:

1. Beschaffenheit des Rohstoffes,
2. Mängel im Antrieb der Arbeitsmaschine,
3. Mängel in der Arbeitsmaschine selbst,
4. Unachtsamkeit des Bedienungspersonals.

In der Textilindustrie kommt eine weitere Fehlerquelle noch dann hinzu, wenn die Raumluft einen Zustand hat, der für den jeweiligen Arbeitsvorgang ungünstig ist. Diese zusätzliche Fehlerquelle muß aber für den Textilmeister bei der Überwachung seiner Abteilung von vornherein ausgeschlossen sein. Es ist die Forderung zu stellen: Die Raumluft im Textilbetrieb soll den bestmöglichen Zustand haben, der nötig ist, damit sich in dieser Hinsicht der Arbeitsvorgang in der Herstellung von Textilien am günstigsten vollziehen kann.

Durch einen günstigen Raumluftzustand soll bei der Verarbeitung von Faserstoffen erzielt werden:

1. Größere Gleichmäßigkeit der Erzeugnisse,
2. Steigerung der Zerreißfestigkeit und Dehnbarkeit des Garnes und dadurch
3. Verminderung von Fadenbrüchen beim Spinn- und Webvorgang,
4. Verhinderung einer Aufladung der Fasern mit statischer Elektrizität und dadurch
5. Vermeidung des Rauh- und Sprödewerdens der Fasern,
6. Staub- und Faserflugverminderung und dadurch
7. Verminderung des Verlustes an spinnbaren Fasern.

Auf diese textiltechnischen Zusammenhänge soll hier im einzelnen nicht näher eingegangen werden. Das Schrifttum gibt genügend Aufschluß darüber (4, 5).

Es muß aber geklärt werden, wann eine Raumluft für den Textilbetrieb günstig ist und welche Eigenschaften der Textilfachmann von einer Raumluft verlangt, die für seinen Betrieb geeignet sein soll.

Die charakteristischen Eigenschaften der Raumluft im Textilbetrieb sind besonders:

Relative Luftfeuchtigkeit,
Lufttemperatur,
Staubgehalt der Luft,
Luftbewegung im Raum.

Die weitaus größte Bedeutung davon hat für die Verarbeitung von Faserstoffen die relative Luftfeuchtigkeit.

In den untersuchten Betrieben liegen die Grenzwerte der verlangten relativen Feuchtigkeit der Raumluft zwischen 40% und 80%; d. h. in einigen Abteilungen des Textilbetriebes ist eine niedrige, in anderen eine mittlere oder hohe Raumluftfeuchtigkeit nötig. Sie wird bestimmt durch den jeweils sich abspielenden Arbeitsprozeß und die verarbeitete Textilie. Dabei jedoch darf für eine bestimmte Abteilung als richtig erkannte Feuchtigkeitswert möglichst nicht um mehr als ± 5 relative Feuchtigkeitsprozente, auch von Jahreszeit zu Jahreszeit, schwanken.

Während der Gleichmäßigkeit der relativen Feuchtigkeit eine große Bedeutung zukommt, darf die Temperatur der Raumluft in großen Grenzen sich ändern, ohne auf die Verarbeitung von Textilien wesentlichen nachteiligen Einfluß auszuüben. Schwankungen zwischen 18° C und 30° C und auch darüber spielen in textiltechnischer Hinsicht oft keine unwesentliche Rolle.

Der Temperaturfrage hat man jedoch trotzdem Beachtung aus dem Grunde zu schenken, weil es ja eine Selbstverständlichkeit ist, für die in den Arbeitssälen beschäftigten Menschen eine Luft mit erträglicher Temperatur zu schaffen. Es ist erfahrungsgemäß eine Temperatur anzustreben, die bei sehr hohen Außentemperaturen einen Höchstwert unterhalb 30° C hat. (Die VDI-Lüftungsregeln nennen für Versammlungsräume als Mindestforderung bei Klimaanlagen bei einer Außentemperatur von 35° C eine Innentemperatur von 27° C.) Für die untersuchten Betriebe ist als Bestwert 20 bis 25° C anzusehen.

Für die Behaglichkeit des Bedienungspersonals sind außer Temperatur noch relative Feuchtigkeit, Luftgeschwindigkeit und andere Faktoren von Bedeutung, worüber nähere Angaben und Untersuchungsergebnisse im Schrifttum verzeichnet sind (6, 7, 8).

Wir haben gesehen, daß man bezüglich der Raumluft im Textilbetrieb zwei Aufgaben zu lösen hat:

1. Eine textiltechnische Aufgabe,
2. eine personelle Aufgabe.

Bei der e r s t e n Aufgabe ist für jede Textilie und für jeden Arbeitsprozeß ein bestimmter optimaler Raumluftzustand zu fordern. Diese Aufgabe ist also von Fall zu Fall durch Anwendung von Luft mit verschiedenen Zustandswerten zu lösen.

Bei der z w e i t e n Aufgabe sind die Gesetze über die Behaglichkeit des Menschen zu berücksichtigen. Diese sind in jedem Falle gleich.

Die günstigste Verbindung beider Aufgaben miteinander ergibt eine Lösung, durch die die Werte des Raumluftzustandes festgelegt sind, den der Textilfachmann für diese oder jene Betriebsabteilung verlangen muß.

Es gibt also für jede Betriebsabteilung in der Textilindustrie einen bestmöglichen Raumluftzustand, den man als

»spezifisches Raumklima«,

z. B. für die Baumwollvorspinnerei, Zellwollfeinspinnerei, Wollweberei usw. bezeichnen kann. In jedem Falle muß das spezifische Raumklima Zustandswerte haben in d e n Grenzen, die für die betreffende Textilabteilung die bestmöglichen Arbeitsbedingungen gewährleisten.

Wenn die Bezeichnung: spezifisches Raumklima gewählt wurde, dann deshalb, um für jede gleichartige Betriebsabteilung ein für allemal den günstigsten Luftzustand gekennzeichnet zu haben.

Diese einheitlichen und allgemein gültigen Werte werden aber heute noch nicht überall in der Textilindustrie anerkannt. Insbesondere gehen die Ansichten über die günstigsten Werte der relativen Raumluftfeuchtigkeit sehr auseinander. Das ist verständlich. Denn, wie wir noch sehen werden, ist die Meßgenauigkeit der heute meistens in Textilbetrieben gebräuchlichen Feuchtigkeitsmesser außerordentlich gering. Es handelt sich hier also nicht um eine grundsätzliche Meinungsverschiedenheit, sondern nur um eine scheinbare, die den tatsächlichen Raumluftzustand nicht betrifft.

2. Mittel und Apparate zur Aufbereitung der Raumluft.

Jeder Arbeitssaal im Textilbetrieb soll sein spezifisches Raumklima haben. Zur Erfüllung dieser Forderung sind lufttechnische Anlagen notwendig, die so bemessen und so eingerichtet sein müssen, daß sie entweder durch selbsttätige Regelung oder durch einfachste Bedienungsvorrichtungen eine Raumluft schaffen, die der Textilfachmann verlangt.

Mittel und Apparate zur Aufbereitung der Raumluft in der Textilindustrie sind in einer Zeitspanne von mehr als fünfzig Jahren entwickelt worden. Aber erst in den letzten zehn bis fünfzehn Jahren hat man zielbewußt, auf der Grundlage wissenschaftlicher Berechnungen und Untersuchungen, Anlagen geschaffen, die in ihrer Wirkung zufriedenstellend sind. Vor dieser Zeit wurden Anlagen aufs Geratewohl gebaut, die wohl an einigen günstigen Tagen im Jahre das spezifische Raumklima zu erzeugen vermochten, denen aber ein Dauererfolg selten beschieden war.

Heute noch erinnern in einigen Textilbetrieben alte Windkanäle, Luftschächte u. a. m. an diese z. T. mit ungeheuren Kosten errichteten Anlagen.

Es wäre verfehlt, wollte man diese früher durch Erfahrung und Probieren entwickelten Einrichtungen aber ganz und gar als unbrauchbar bezeichnen. Durch sinnvolle und zweckentsprechende Abänderungen und Ergänzungen können sie in einigen Betriebsabteilungen in der Textilindustrie durchaus zur Schaffung des spezifischen Raumklimas benutzt werden. Man muß sich einmal ganz klar machen, daß eine lufttechnische Anlage für den einen Fall brauchbar sein kann, während dieselbe Anlage für einen anderen Zweck vollkommen versagt.

Ein Allheilmittel für die Lösung der Raumluftfrage in der Textilindustrie gibt es nicht und wird es auch nicht geben. In jedem Betrieb ist diese Frage individuell zu lösen.

Auch bei den in letzter Zeit mit großer Reklame herausgebrachten Neuerungen auf diesem Gebiete ist in jedem Falle mit großer Sorgfalt zu prüfen, ob sie den an sie gestellten Forderungen in jeder Hinsicht gerecht werden können.

Bei jeder Planung einer lufttechnischen Anlage soll der Textilfachmann seine Ansprüche durch die Angabe des spezifischen Raumklimas klar und eindeutig geltend machen. Der Fachmann der Lüftungsindustrie hat dann festzustellen, welche Einflüsse dieses spezifische Raumklima stören können, mögen diese nun außenklimatischen Ursprungs sein oder mögen sie von Wärme- und Feuchtigkeitsquellen im Betriebe u. a. m. herrühren. Für den Textilfachmann ist die Raumluftfrage gewissermaßen ein statisches Problem, für den Lüftungsfachmann ein dynamisches. Nach diesen Gesichtspunkten sind lufttechnische Anlagen für die Textilindustrie zu schaffen.

Die bisher bekannten Mittel und Apparate zur Aufbereitung der Raumluft im Textilbetrieb lassen sich allgemein in vier Gruppen einteilen:

1. Primitive Mittel:
   a) Einströmen von Wasserdampf in die Raumluft,
   b) Verdunsten von Wasser, welches auf den Fußboden des Arbeitssaales gespritzt wird.
2. Einzelapparate zur Zerstäubung von Wasser ohne wesentliche künstliche Luftbewegung:
   a) Mit Druckwasserbetrieb,
   b) mit Druckluftbetrieb.
3. Einzelapparate zur Zerstäubung von Wasser in Verbindung mit künstlicher Luftbewegung und Heizung:
   a) Druckwasserbetrieb,
   b) Betrieb mit mechanischen Zerstäubern.
4. Zentralanlagen:
   a) von Hand geregelte Anlagen,
   b) Temperatur und relative Luftfeuchtigkeit selbsttätig regelnde Anlagen (Klimaanlagen).

Diese Aufstellung gibt einen Überblick der wesentlichsten Mittel und Apparate zur Luftbefeuchtung und Klimatisierung von Textilbetrieben. Die Gliederung entspricht einmal annähernd der Entwicklung der Anlagen zur Raumluftaufbereitung in zeitlicher Folge, zum anderen sind durch diese Gliederung auch die verschiedenen charakteristischen Methoden zur Luftbehandlung im Textilbetrieb gekennzeichnet. Dazu muß aber bemerkt werden, daß die genannten vier Gruppen nicht ganz und gar gegeneinander abgeschlossen sind. Es kommen vielmehr oft Ergänzungen und Verbindungen zwischen den einzelnen Gruppen vor.

In der Textilindustrie sind heute zur Aufbereitung der Raumluft die genannten Mittel und Apparate aus allen vier Gruppen anzutreffen. Teilweise sind die mit den ersten Bauarten erzielten Erfolge allerdings außerordentlich gering. Das spezifische Raumklima kann nicht dauernd erzeugt bzw. gehalten werden.

Die in der Gruppe 4 angeführten Klimaanlagen haben erst in den letzten Jahren Eingang in die deutsche Textilindustrie gefunden.

C. Physikalische Grundlagen zur Messung des Luftzustandes.

1. Das Aspirationspsychrometer als Eichgerät zur Ermittlung der relativen Luftfeuchtigkeit.

Eine Untersuchung der physikalischen Grundlagen zur Messung des Luftzustandes führt zwangläufig zu Fragen, die grundsätzliche Bedeutung auch für die Aufbereitung der Raumluft für den Textilbetrieb haben. Deshalb ist es gerechtfertigt, diesem Abschnitt etwas breiteren Raum zu schenken.

Wenn auch über die Methoden und Geräte zur Messung der Luftfeuchtigkeit später noch gesprochen werden soll, so ist es doch nötig, dieses Gebiet hier schon kurz zu streifen.

In den weitaus meisten Fällen finden in Textilbetrieben einfache unter dem Namen August bekannte Psychrometer mit einem trockenen und einem feuchten Thermometer (Bild 1) zur Bestimmung der relativen Luftfeuchtigkeit Anwendung. An Hand von Zahlentafeln werden die Anzeige des trockenen Thermometers und der Unterschied zwischen der Anzeige des trockenen und des feuchten Thermometers als Bezugsgrößen zur Ermittlung der relativen Luftfeuchtigkeit benutzt. Die Benutzung dieses Gerätes ist zwar einfach, aber seine Anzeigen sind mit außerordentlich großen Fehlern behaftet, wie die später noch zu besprechenden eigenen Versuche unter Beweis stellen. Wenn es sich bei diesem Feuchtigkeitsmesser immer noch um annähernd ein und denselben Fehler in der Anzeige handeln würde, dann wäre gegen die Benutzung wenig einzuwenden, denn für den Betrieb sind nicht unbedingt absolute Werte erforderlich, es genügen bei ausreichender Betriebserfahrung durchaus Vergleichswerte.

Die Fehlerwerte schwanken aber in weiten Grenzen. Dies soll später nachgewiesen werden, da in der Textilindustrie darüber große Unklarheit herrscht.

In der vorliegenden Arbeit sind die Anzeigen des Aspirationspsychrometers, eines von Aßmann im Jahre 1886 erfundenen Gerätes, die Grundlage für die Ermittlung der relativen Luftfeuchtigkeit. Dieses Meßgerät (Bild 2) bezeichnet die Herstellerfirma R. Fueß, Berlin-Steglitz, als international anerkanntes Normalinstrument. Es erzielt die größt-

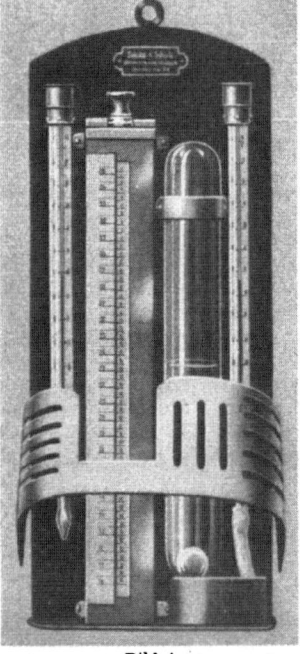

Bild 1.
Psychrometer. Schutzkorb hochgeklappt.

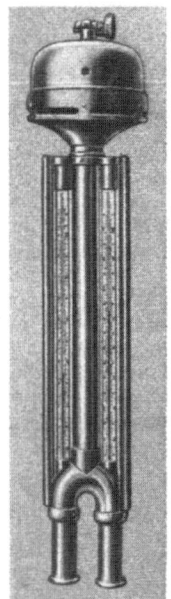

Bild 2. Aspirations-Psychrometer nach Aßmann.

mögliche erreichbare Genauigkeit bei Messungen der Lufttemperatur und relativen Luftfeuchtigkeit und ist nach den VDI-Lüftungsregeln auch für Abnahmemessungen geeignet.

Das trockene und feuchte Thermometer dieses Gerätes werden in gleicher Weise künstlich belüftet (Zahlentafel 1). Beide Thermometer sind durch je zwei konzentrische hochglanzpolierte Hüllrohre gegen Strahlungseinflüsse so geschützt, daß sie sowohl voneinander als auch gegen den Instrumentenkörper thermisch isoliert sind und durch den Luftstrom ebenfalls belüftet werden.

Bei Verwendung andersartiger Temperatur- und Feuchtigkeitsmeßgeräte ist das Aspirationspsychrometer stets als Eichgerät benutzt worden. Das benutzte Gerät hat folgenden Prüfschein:

Zahlentafel 1.

Prüfschein für das Normal-Aspirationspsychrometer Nr. 122 454 nach Prof. Dr. R. Aßmann.

Das Instrument enthält die in $^1/_5$°C geteilten Fueß-Thermometer:

Nummer d. Thermometers	Prüfschein-Nr. (P. T. R.)	Die Skala reicht von	Länge des Gefäßes	Mittl. Durchmesser d. Gefäßes
43 225	—	—9° bis +62°	15 mm	4,6 mm
43 226	—	—8° bis +62°	16 mm	4,5 mm

Querschnitt des Luftraumes an beiden Thermometergefäßen . . . . 415,7 qmm

Ganze Ablaufzeit des Aspirators . . . . . . 9 min

Dauer der einzelner Umdrehungen des Federhauses	Umdrehungen des Aspirators in 1 s	Geschwindigkeit des Luftstromes a. d. Therm.-Gefäß.
1. 76 s	28,5	2,70 m/s
2. 61 s	35,7	3,32 m/s
3. 64 s	34,0	3,17 m/s
4. 70 s	31,0	2,93 m/s
5. 77 s	28,2	2,67 m/s
6. — s	—	— m/s

Die Geschwindigkeit des Luftstromes an den Thermometergefäßen darf nicht unter 2 m in der Sekunde sinken, deshalb muß das Laufwerk mindestens alle 7 Minuten aufgezogen werden. Um die Prüfung der Ablaufgeschwindigkeit auszuführen, ziehe man das Laufwerk vollständig auf, wobei man den Aspirator zunächst durch ein in den Spalt geklemmtes Stückchen Pappe festhält. Mittels einer Sekundenuhr messe man dann die Dauer der einzelnen Umdrehungen des Federhauses, indem man, durch das Kontrollfenster des Gehäuses blickend, die an diesem befindliche Strichmarke mit dem am Federhause angebrachten Querstrich eines Pfeiles zur Deckung bringt. Sind die bei dieser Prüfung gefundenen Umlaufzeiten nennenswert größer als die in der ersten Spalte angegebenen, dann ist die Reinigung oder Reparatur des Laufwerkes erforderlich.

Die Prüfung ist am 16. Dezember 1936 nach den Vorschriften des Erfinders ausgeführt von

H. Aßmann.

Vermerk des Verfassers: Als einfache Kontrolle des Aspirationspsychrometers wurde in gewissen Zeitabständen das Laufwerk des Gerätes nachgeprüft. Dabei wurde vorausgesetzt, daß gegebenenfalls ein Fehler nur durch den Ventilator entstehen kann.

Es wurden bei der Nachprüfung beispielsweise folgende Werte für die Dauer der einzelnen Umdrehungen des Federhauses ermittelt:

Datum	1. Umdrehung	2. Umdrehung	3. Umdrehung	4. Umdrehung	5. Umdrehung
1. Dez. 1937	71 s	59 s	62 s	67 s	77 s
20. Okt. 1938	72 s	60 s	64 s	69 s	76 s

Eine ausreichende Übereinstimmung innerhalb ¾ Jahren ist also vorhanden.

2. Die Sprungsche Formel.

Mit dem trockenen und feuchten Thermometer des Aspirationspsychrometers werden zwei Temperaturen gemessen. Aus dem Unterschied dieser beiden Temperaturen, allgemein als »psychrometrische Differenz« bezeichnet, wird mit der von Sprung durch Versuche festgestellten empirischen Formel

$$p_d = p_f - 0,5 (t - t_f) \frac{b}{755}$$

der Dampfdruck der untersuchten Luft und aus diesem deren relative Feuchtigkeit ermittelt:

$$\varphi = \frac{p_d}{p_s} \cdot 100 \quad (^0/_0)$$

Es bedeuten:

p_d = Teildruck des Wasserdampfes in mm QS bei der Temperatur t,

p_f = Sättigungsdruck des Wasserdampfes in mm QS bei der Temperatur t_f,

p_s = Sättigungsdruck des Wasserdampfes in mm QS bei der Temperatur t,

b = Barometerstand in mm QS,

t = Temperatur des trockenen Thermometers in °C,

t_f = Temperatur des feuchten Thermometers in °C,

$t - t_f$ = Psychrometrische Differenz in °C.

Über die Entstehung der Sprungschen Formel gibt das Schrifttum Aufschluß (9).

Bei der Benutzung der Sprungschen Formel ist für jede Luftfeuchtigkeitsbestimmung eine umständliche Berechnung nötig. Um das zu vermeiden, sind aus der Sprungschen Formel Zahlentafeln entwickelt worden, die die Ermittlung der relativen Luftfeuchtigkeit aus der Temperatur des trockenen Thermometers und der psychrometrischen Differenz gestatten. Eine solche Tafel enthält z. B. das bereits genannte Buch von Bongards: »Feuchtigkeitsmessung«. Demselben Zwecke dient ein ebenfalls bei Bongards enthaltenes Nomogramm (Bild 3).

Die Sprungsche Formel enthält den Beiwert $\frac{b}{755}$. Es wird also der Wert der zu bestimmenden relativen Luftfeuchtigkeit in Abhängigkeit vom Barometerstand gebracht, obwohl die Begriffsbestimmung für die relative Luftfeuchtigkeit:

1. das Verhältnis des wirklichen Dampfdruckes zum Sättigungsdruck von gleicher Temperatur

oder

2. das Verhältnis des wirklichen absoluten Feuchtigkeitsgehaltes zum größtmöglichen Feuchtigkeitsgehalt (Sättigungsvolumen) von gleicher Temperatur

ist und in keiner Weise zum Luftdruck in Beziehung steht, sondern nur eine Funktion der Temperatur ist.

Es ist aber leicht einzusehen, warum die Sprungsche Formel den barometrischen Beiwert enthält, wenn man den physikalischen Vorgang untersucht, der sich am feuchten Thermometer im Aspirationspsychrometer bei dessen Benutzung zur Bestimmung der relativen Luftfeuchtigkeit abspielt.

Die zu untersuchende ungesättigte Luft erfährt am feuchten Thermometer eine Wasserdampfzufuhr bis zur Sättigungsgrenze. Das hierbei vom feuchten Thermometer freizugebende Wasser braucht zu seiner Verdampfung eine bestimmte Menge Wärme, die Verdampfungswärme. Diese Wärme wird der Luft entzogen. Die Luft wird dabei von der Temperatur t auf die Temperatur t_f abgekühlt.

Dieser Meßvorgang beruht also auf einem Wärmeaustauschprozeß zwischen dem verdampfenden Wasser des feuchten Thermometers und der zu untersuchenden Luft.

Es bildet sich ein Gleichgewichtszustand zwischen der aufzubringenden Verdampfungswärme des verdunsteten Wassers und dem Abkühlungsgrad der auf ihre Feuchtigkeit hin zu untersuchenden Luft.

Die physikalischen Beziehungen dabei sind folgende:

1. Für die Wasserverdampfung:
   von der Luft aufgenommene Wasserdampfmenge:
   $$x = k \cdot V_{\text{Luft}},$$
   aufzubringende Verdampfungswärme: $Q = k_1 \cdot V_{\text{Luft}}.$

2. Für die Abkühlung der Luft:
   $$t - t_f = k_2 \, G_{\text{Luft}}$$
   $$G_{\text{Luft}} = k_3 \cdot V_{\text{Luft}} \cdot \frac{b}{755}$$

Während also die zur Sättigung der Luft erforderliche Dampfmenge und ebenfalls die für die Wasserverdampfung aufzubringende Wärmemenge dem Luftvolumen verhältnisgleich ist, ist für den Abkühlungsgrad der Luft das Luftgewicht maßgebend.

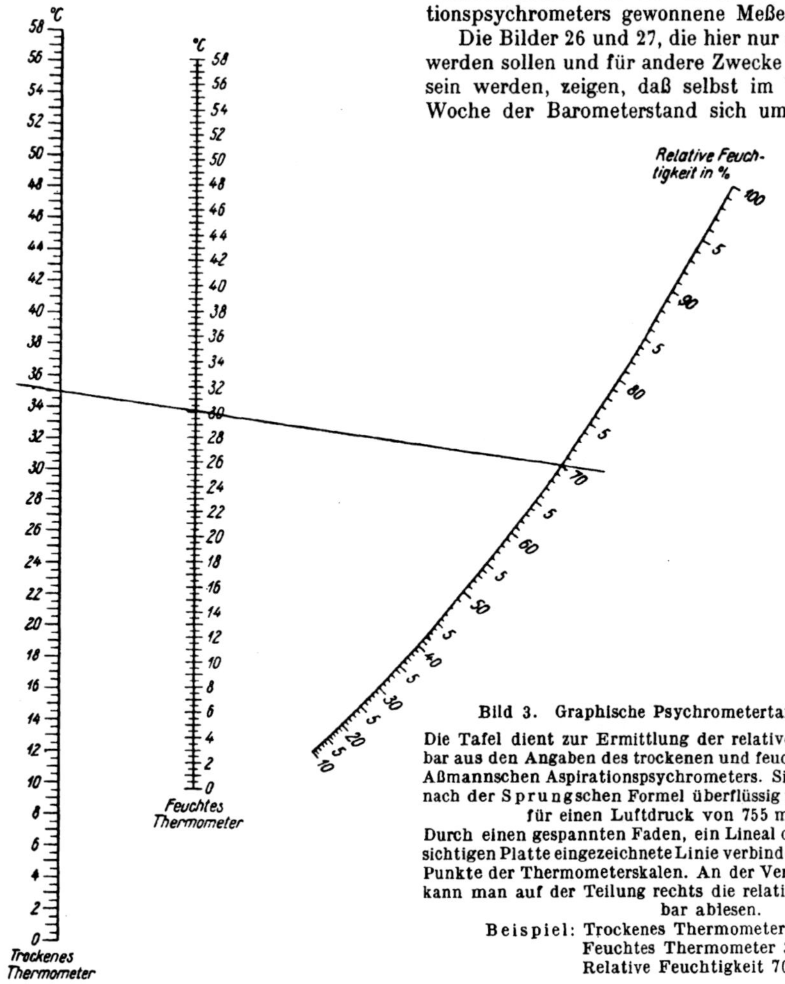

derart miteinander in Berührung kommen, daß die zugeführte Luft ganz gesättigt wird, nehmen Betriebswasser und Luft die Temperatur t_f an. Dabei bezieht sich die feuchte Temperatur t_f auf die zugeführte Luft in ihrem Anfangszustand und ist um so niedriger je kleiner die relative Feuchtigkeit der Luft ist. Der Abkühlungsgrad entspricht der von der Sprungschen Formel her bekannten psychrometrischen Differenz. Auf die Nutzanwendung dieser Zusammenhänge soll später noch näher eingegangen werden.

8. Der Einfluß des Barometerstandes auf die Ermittlung der relativen Luftfeuchtigkeit mit dem Aspirationspsychrometer.

Wir haben gesehen, daß der barometrische Beiwert in der Sprungschen Formel physikalisch bedingt ist. Es soll nun noch geprüft werden, welchen Einfluß ein schwankender Barometerstand auf das durch die Anzeigen des Aspirationspsychrometers gewonnene Meßergebnis hat.

Die Bilder 26 und 27, die hier nur nebenbei herangezogen werden sollen und für andere Zwecke später noch wertvoller sein werden, zeigen, daß selbst im Verlauf einer einzigen Woche der Barometerstand sich um 35 bzw. 37 mm QS

Bild 3. Graphische Psychrometertafel nach Bongards.

Die Tafel dient zur Ermittlung der relativen Feuchtigkeit unmittelbar aus den Angaben des trockenen und feuchten Thermometers eines Aßmannschen Aspirationspsychrometers. Sie macht eine Berechnung nach der Sprungschen Formel überflüssig und gilt dementsprechend für einen Luftdruck von 755 mm ± 15 mm.
Durch einen gespannten Faden, ein Lineal oder eine auf einer durchsichtigen Platte eingezeichnete Linie verbindet man die entsprechenden Punkte der Thermometerskalen. An der Verlängerung dieser Geraden kann man auf der Teilung rechts die relative Feuchtigkeit unmittelbar ablesen.
Beispiel: Trockenes Thermometer 35°,
Feuchtes Thermometer 30°,
Relative Feuchtigkeit 70%.

Damit ist die Einführung des barometrischen Beiwertes in die Sprungsche Formel begründet.

Die hier untersuchten physikalischen Zusammenhänge beschränken sich aber nicht allein auf den besprochenen Meßvorgang. Das Prinzip des Psychrometers hat auch für alle Luftbefeuchtungsanlagen eine wesentliche Bedeutung: dieselben physikalischen Vorgänge spielen sich hier im großen ab, wie bei der Feuchtigkeitsbestimmung mit dem Psychrometer im kleinen. Die Temperatur des feuchten Thermometers t_f ist eine wichtige Kenngröße aller Luftbefeuchtungsanlagen: sie ist die unterste Kühlgrenze für die Aufbereitung der Raumluft mit Betriebswasser.

Unter Betriebswasser ist hier das im Kreislauf geführte und dabei mit der zu befeuchtenden Luft innig in Berührung gebrachte Wasser zu verstehen, wenn auf künstliche Weise von außen Wärme weder zu- noch abgeführt wird. Vorausgesetzt, daß Betriebswasser und Luft bei diesem Vorgang

ändern kann. Diese Unterschiede in einer so kurzen Zeitfolge stehen allerdings in den während einer Zeitspanne von mehr als einem Jahre aufgeschriebenen Kurven vereinzelt da.

In der Sprungschen Formel ist der barometrische Beiwert gleich 1, wenn der Luftdruck 755 mm QS beträgt. Angenommen, daß der tatsächliche Barometerstand hiervon um ± 25 mm QS abweichen kann, soll an folgendem Beispiel der Einfluß auf das Meßergebnis der relativen Luftfeuchtigkeit untersucht werden.

Bei verschiedenen Luftdruckwerten und bei gleicher Lufttemperatur von 25° C und bei gleicher psychrometrischer Differenz von 7° C in jedem Falle ist die relative Luftfeuchtigkeit nach der Sprungschen Formel bei:

$$\begin{aligned} &730 \text{ mm QS: } \varphi = 51{,}0\% \\ &755 \text{ mm QS: } \varphi = 50{,}6\% \\ &780 \text{ mm QS: } \varphi = 50{,}0\% \cdot \end{aligned}$$

Daraus ist zu ersehen, daß man Luftdruckschwankungen praktisch keinen großen Wert beizumessen braucht. Es zeigt sich ferner, daß auch selbst die verschiedenen örtlichen Höhenlagen über NN von den Orten, in denen die Raumluftfrage für Fertigungsvorgänge im Textilbetrieb eine Rolle spielt, das Meßergebnis nur um wenige Feuchtigkeitsprozente falsch beeinflussen, wenn der Barometerstand nicht beachtet wird.

4. Die Meßgröße der Raumluft.

Bei der Versorgung von Arbeitsräumen mit geeigneter Raumluft liegt es zunächst nahe, als Meßgröße für die Luftmenge das Volumen, die Raumeinheit, zu wählen. Diese Annahme wird aber in Frage gestellt, wenn man die Zustandsgrößen Volumen, Druck und Gewicht eines Luft-Wasserdampfgemisches — um ein solches Gemisch handelt es sich ja immer bei Raumluft —, in dem Verhalten der beiden Anteile zueinander untersucht.

Reine Luft ist als vollkommenes Gas den Gasgesetzen unterworfen. Jede Zustandsänderung läßt sich nach der allgemeinen Zustandsgleichung durch die Formel

$$p \cdot v = T \cdot \text{konst.}$$

zahlenmäßig verfolgen.

Wasserdampf ist kein vollkommenes Gas. Genaue absolute Werte für Sättigungsdruck und Sättigungsvolumen von Wasserdampf lassen sich nur durch Versuche feststellen.

In der nachstehenden Zahlentafel 2 sind die nach den Gasgesetzen errechneten Werte den wirklichen Werten über die in einem m³ enthaltenen Wasserdampfmengen gegenübergestellt.

Zahlentafel 2.

Temperatur °C	Spez. Gewicht von gesättigtem Wasserdampf g/m³		Unterschied in % vom errechneten Wert
	Errechnet. Wert nach Gasges.	Versuchswert *)	
0	4,84	4,84	0
20	17,29	17,29	0
30	30,33	30,36	0,099
40	51,04	51,14	0,20
60	129,6	130,1	0,39

*) Hütte 25. Aufl. I/490.

Diese Untersuchung zeigt, daß in den für Raumluft maßgebenden Temperaturgrenzen kein großer Unterschied besteht. In diesem Bereich kann also auch Wasserdampf als vollkommenes Gas betrachtet werden.

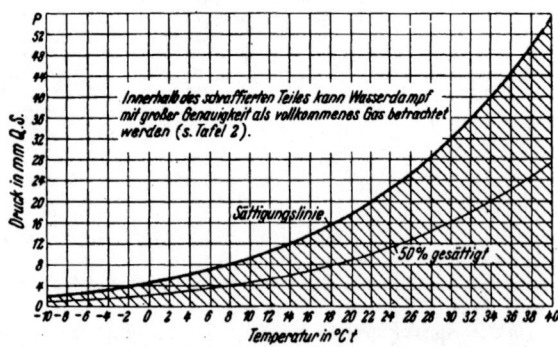

Bild 4. Sättigung des Wasserdampfes.

Aus Bild 4 sehen wir, daß aber Wasserdampf sich von Gasen grundsätzlich durch die Sättigungslinie unterscheidet. Die Sättigungslinie gibt für die jeweilige Temperatur den größtmöglichen Teildruck an, den der Wasserdampf mit einer beliebigen Mischung von anderen Gasen hat. Dabei ist es gleichgültig, ob der Gesamtdruck groß oder klein ist.

Da bei Textilingenieuren leider über diese Zusammenhänge große Unklarheit besteht, sei kurz darauf eingegangen.

In den Bildern 5 bis 8 sind durch graphische Darstellungen die Beziehungen zwischen Volumen, Druck und Gewicht für Luft und Wasserdampf von 1 m³ Luft-Wasserdampfgemisch bei einer Temperatur von 25° C untersucht. Dabei ist die relative Feuchtigkeit zu 50% und zu 100% gewählt worden. Um die wesentlichsten Eigenschaften besonders klar hervorzuheben, ist dem Gesamtdruck für Luft und Wasserdampf von 760 mm QS der doppelte Wert von 1520 mm QS gegenübergestellt worden.

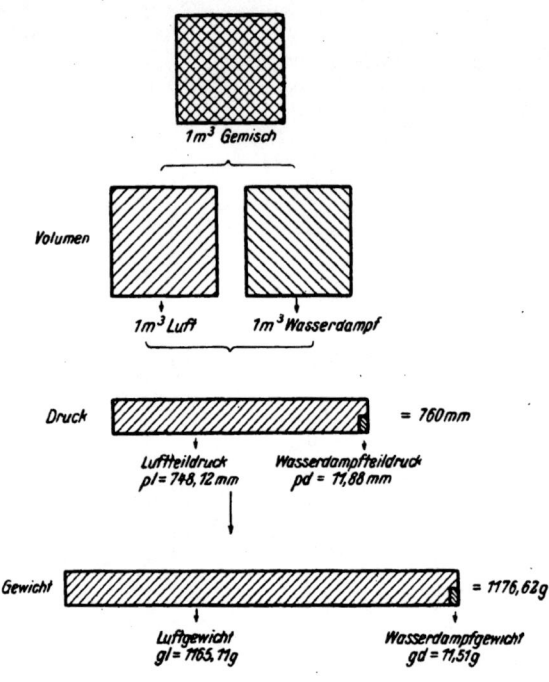

Bild 5. Volumen-, Druck- und Gewichtsanteile für Luft und Wasserdampf von 1 m³ Luft-Wasserdampfgemisch bei $b = 760$ mm QS; $t = 25°$ C; $\varphi = 50\%$.

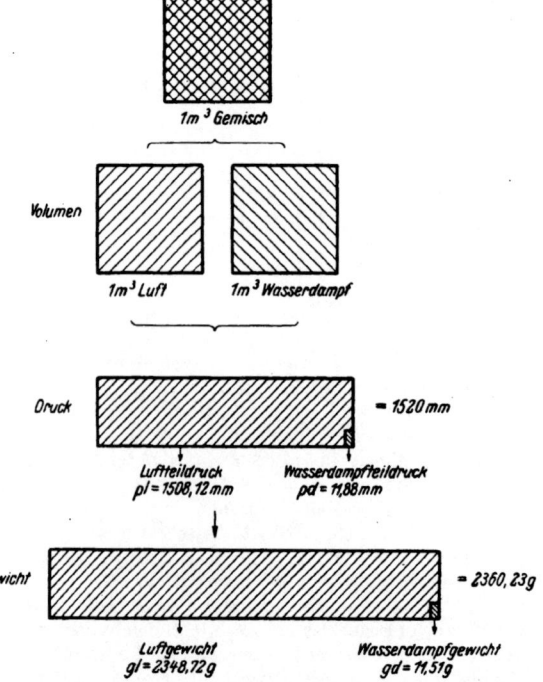

Bild 6. Volumen-, Druck- und Gewichtsanteile für Luft und Wasserdampf von 1 m³ Luft-Wasserdampfgemisch bei $b = 1520$ mm QS; $t = 25°$ C; $\varphi = 50\%$.

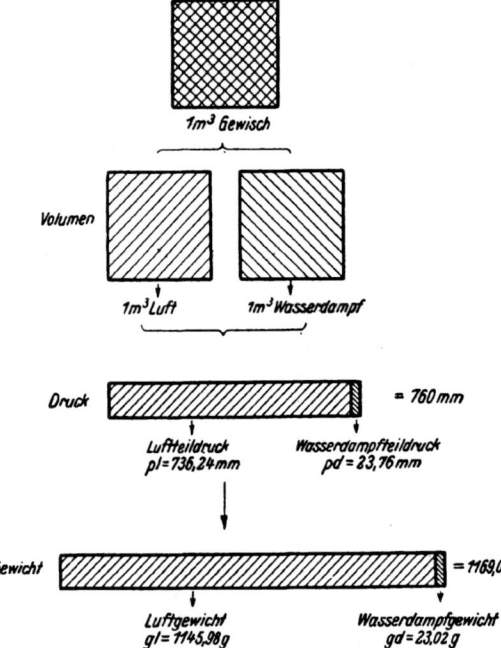

Bild 7. Volumen-, Druck- und Gewichtsanteile für Luft
und Wasserdampf von 1 m³ Luft-Wasserdampfgemisch bei
b = 760 mm QS; t = 25° C; φ = 100 %.

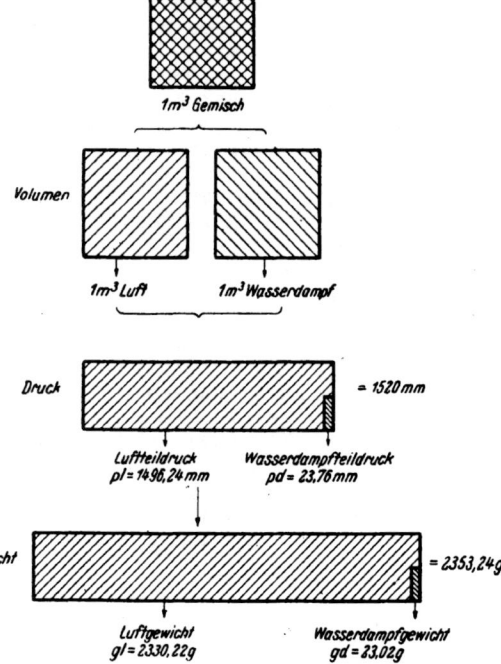

Bild 8. Volumen-, Druck- und Gewichtsanteile für Luft
und Wasserdampf von 1 m³ Luft-Wasserdampfgemisch bei
b = 1520 mm QS; t = 25° C; φ = 100 %.

Aus den Bildern ist folgendes zu ersehen:

1. In jedem Falle setzt sich 1 m³ Gemisch aus 1 m³ Luft und 1 m³ Wasserdampf zusammen.
2. Der Teildruck des Wasserdampfes wird nicht vom Luftteildruck beeinflußt, sondern ist nur abhängig vom relativen Feuchtigkeitsgrad und von der Temperatur.
3. Das Wasserdampfgewicht ist verhältnisgleich dem Wasserdampfteildruck.

4. Luftteildruck und Wasserdampfteildruck ergänzen sich zum Gesamtdruck, normalerweise also zum Barometerstand.
5. Die Gewichte der beiden Anteile ergeben zusammen das Gesamtgewicht der Raumluft.
6. Das spezifische Gewicht der atmosphärischen Luft hat, unter Bezugnahme auf den relativen Feuchtigkeitsgrad, seinen Kleinstwert bei voller Sättigung.

Berücksichtigt man neben diesen Untersuchungsergebnissen der physikalischen Eigenschaften atmosphärischer Luft noch den Temperatureinfluß auf ein Luft-Wasserdampfgemisch, dann muß man feststellen, daß das Volumen als Meßgröße der Raumluft nicht geeignet ist. In ihrer Eigenschaft als Feuchtigkeits- und Wärmeträger ist die Raumluft außerordentlich häufigen Zustandsänderungen unterworfen; und mit jeder Zustandsänderung ist eine Änderung des Volumens verbunden.

Um eine immer konstant bleibende Bezugsgröße zu haben, ist es zweckmäßig, bei der Untersuchung lufttechnischer Anlagen das Gewicht als Meßgröße zu wählen.

Bild 9 zeigt die Beziehung zwischen Gewicht und Volumen trockener Luft in Abhängigkeit von der Temperatur. Außerdem ist in Bild 9 noch die Kurve der größtmöglichen Wasserdampfaufnahme von 1 kg trockener Luft eingetragen.

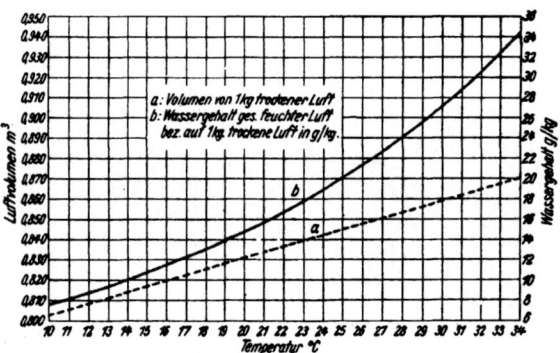

Bild 9. Volumen und größtmögliche Wasserdampfaufnahme von 1 kg trockener Luft in Abhängigkeit von der Temperatur. Gültig für einen Barometerstand von 760 mm QS.

Ausgegangen von dieser Grundlage soll in den nachfolgenden Rechnungen 1 kg trockene Luft als Meßgröße der Raumluft gewählt werden, der der in der Luft enthaltene Wasserdampf als veränderliche Menge in x kg zugeordnet wird.

Die Wahl dieser Meßgröße wird noch insbesondere gerechtfertigt durch das von Mollier entwickelte Ix-Diagramm (10, 11), aufgebaut auf der Gleichung:

$$i_{1+x} = 0,241 \, t + x \, (595 + 0,46 \, t).$$

In dieser Gleichung ist:

i_{1+x} = Wärmeinhalt von 1 kg trockener Luft und x kg Wasserdampf,

t = Temperatur in ° C,

x = Dampfgehalt der Luft (kg/kg trockene Luft),

0,241 = Spezifische Wärme der trockenen Luft (kcal/kg · ° C),

0,46 = spezifische Wärme des Wasserdampfes (kcal/kg · ° C),

595 = Verdampfungswärme des Wassers bei 0° C (kcal/kg).

Das Ix-Diagramm ist eine sehr praktische bildliche Darstellung des Wärmeinhalts feuchter Luft in einem schiefwinkligen Koordinatensystem (Bild 10). In diesem Schaubild stellt jeder Punkt einen bestimmten Zustand der Luft dar.

5. Das Ix-Diagramm
zur Bestimmung der relativen Luftfeuchtigkeit.

Zur Bestimmung der relativen Luftfeuchtigkeit aus den Temperaturanzeigen des Aspirationspsychrometers benutzt man allgemein die Sprungsche Formel, wie es bereits dargelegt wurde. Um gleichzeitig auch über alle charakteristischen Eigenschaften der zu untersuchenden Luft unterrichtet zu werden, kann statt der Sprungschen Formel das Ix-Diagramm zur Bestimmung der relativen Luftfeuchtigkeit benutzt werden. Die Grundlagen für diese Bestimmung bilden auch wieder die Meßergebnisse des Aspirationspsychrometers.

Um das Ix-Diagramm für diesen Zweck gebrauchen zu können, muß es in seiner von Mollier entwickelten Form noch eine Ergänzung erfahren, wie wir noch sehen werden. Bild 10 zeigt das durch Einzeichnung der Linie $t_f =$ konst. entsprechend ergänzte Ix-Diagramm.

Die physikalischen Vorbedingungen für diese Methode der Luftfeuchtigkeitsbestimmung sind vorhanden, sie sollen nachfolgend untersucht werden:

Bei absolut trockener Luft ist der Wasserdampfteildruck $p_d = 0$. Unter dieser Voraussetzung und unter der Annahme

eines Barometerstandes von $b = 755$ mm QS wird die Sprungsche Formel:

$$p_d = p_f - 0,5 \, (t - t_f) \cdot \frac{b}{755}$$

zu der Gleichung

$$t = t_f + 2 \, p_f.$$

Am Ende des Meßvorganges im Aspirationspsychrometer zeigt das feuchte Thermometer die Sättigungstemperatur t_f an. Zu jeder Sättigungstemperatur t_f gehört nach Bild 4 ein ganz bestimmter Sättigungsdruck p_f. Durch diese beiden veränderlichen, aber voneinander immer abhängigen Größen wird die Temperatur t der absolut trockenen Luft bestimmt. Im Grenzzustande bei $\varphi = 0\%$ ist die Lufttemperatur t gleich der Summe aus der Temperatur des feuchten Thermometers t_f und dem doppelten Werte des entsprechenden Sättigungsdruckes p_f. Da nun diese Summanden in gesetzmäßiger Beziehung zueinander stehen und deshalb eine veränderliche Größe darstellen, kann durch das Restglied der Sprungschen Formel

$$t = t_f + 2 \, p_f$$

für jede Temperatur t die entsprechende Temperatur t_f bzw. für jede Temperatur t_f die entsprechende Temperatur t gefunden werden.

In Bild 11 ist die zeichnerische Ermittlung dieser Werte dargestellt. Auf der Abszisse sind die Sättigungstemperaturen t_f und auf der Ordinate die Sättigungsdrucke p_f eingetragen. Die gesetzmäßige Beziehung zwischen Sättigungstemperatur und Sättigungsdruck (s. auch Bild 4) wird hier durch die Kurve $2 \, p_f = f \, (t_f)$ dargestellt. Für p_f ist der doppelte absolute Wert eingesetzt worden. Die jeweilige Summe von Abszisse und Ordinate, deren Schnittpunkt auf dieser Kurve liegt, ergibt die Temperatur t, die der betreffenden Temperatur t_f entspricht. Eine Auswertung dieses Verfahrens ergibt, wenn man noch zusätzlich auf der Ordinate die Temperatur t einträgt, die Kurve $t_f = f \, (t)$. Durch diese Kurve ist es nunmehr möglich, für jede Temperatur t unmittelbar die entsprechende Temperatur t_f an Hand des Bildes 11 zu finden. Nähere Angaben mit Zahlenbeispiel enthält Bild 11.

Der Untersuchung über die hier aufgezeichneten Temperaturwerte liegen dieselben physikalischen Vorgänge zugrunde, wie sie bereits bei der Untersuchung der Sprungschen Formel auf S. 6 bis 7 allgemein besprochen wurden. Bei den in Bild 11 ermittelten Werten handelt es sich jedoch um einen Grenzfall, bei dem der Temperaturunterschied zwischen t und t_f den größtmöglichen Wert hat, da hier Luft aus dem absolut trockenen in den gesättigten Zustand übergeht.

Die trockene Luft entzieht beim Meßvorgang im Aspirationspsychrometer der mit Wasser benetzten Gewebehülle, die die Quecksilberkugel des feuchten Thermometers umgibt, so viel Feuchtigkeit, daß sie ganz gesättigt wird. Die Wärmemenge, die für die Verdampfung des zur Sättigung der trockenen Luft erforderlichen Wassers notwendig ist, wird von der dem Meßgerät zugeführten trockenen Luft aufgebracht. Das hat eine Abkühlung der zugeführten Luft in den bereits ermittelten Grenzen zur Folge.

Dieser Vorgang erfolgt wohl bei einer Verminderung der Lufttemperatur, aber der Wärmeinhalt der Luft bleibt konstant, weil die Wärmemenge, die der trockenen Luft entzogen wird, ihr durch den zur vollstän-

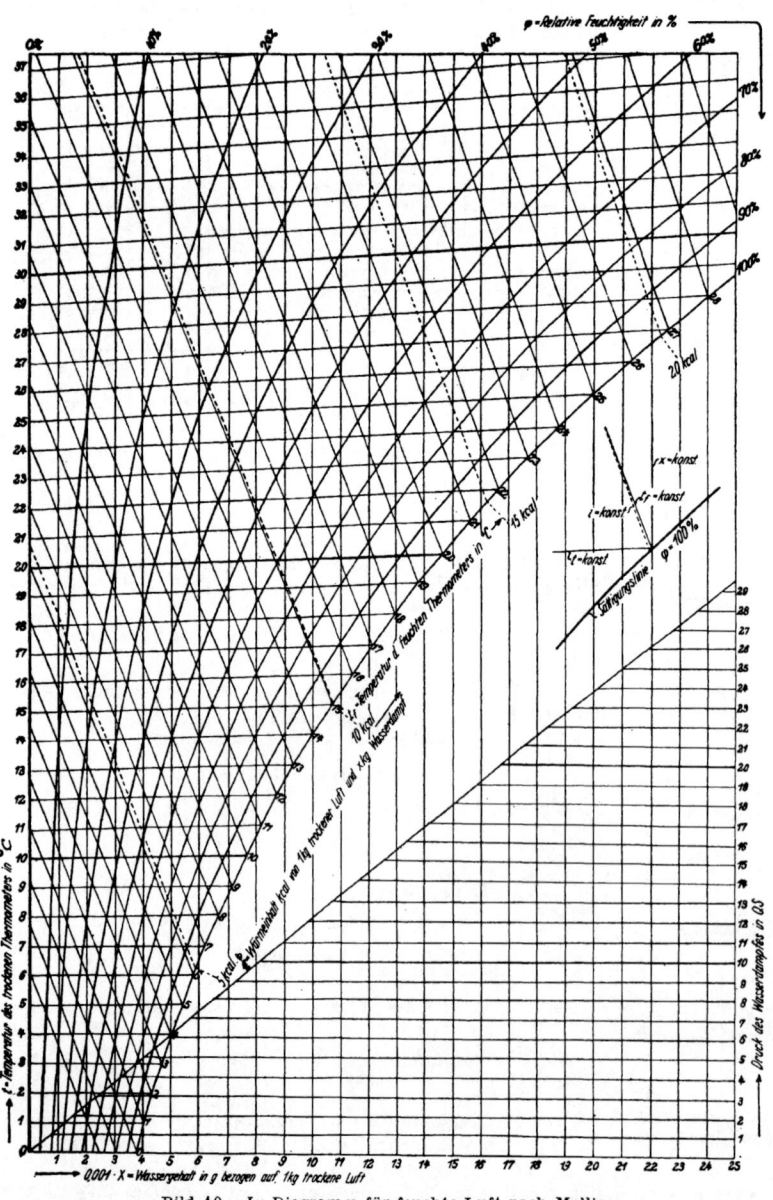

Bild 10. Ix-Diagramm für feuchte Luft nach Mollier mit zusätzlichen Geraden $t_f =$ konst. $b = 760$ mm QS.

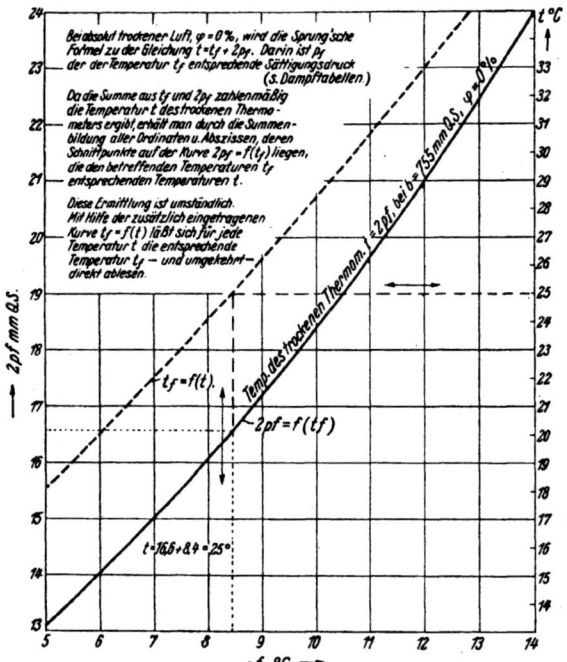

Bild 11. Schaubild zur Ermittlung der Temperatur des feuchten Thermometers nach der Sprungschen Formel für Psychrometer bei $b = 755$ mm QS; $\varphi = 0\%$.

digen Sättigung erforderlichen Wasserdampf, gleichsam als nicht fühlbare Wärme, wieder zugefügt wird. Auf den Begriff der hier vorhandenen Temperaturäquivalenz soll später noch kurz eingegangen werden. Zunächst sollen drei Zahlenbeispiele durchgerechnet werden, um die Gültigkeit der vorstehenden Untersuchungen zu bestätigen. Das Ergebnis zeigt die folgende Zahlentafel 3.

Zahlentafel 3.

1	2	3	4	5	6	7
Temperatur der trockenen Luft	Temperatur der feuchten Luft	Temperaturdifferenz = Abkühlung	Von der trockenen Luft abgegebene Wärmemenge	Wassergehalt gesättigter feuchter Luft, bez. auf 1 kg trockene Luft und 755 mm QS Barometerstand	Verdampfungswärme des Wassers bei der Temperatur t_f	Die der Luft zugeführte, für die Verdampfung des Wassergehaltes x_s erforderliche Wärmemenge
t	t_f	$t - t_f$	Q_a	x_s	Q	Q_z
°C	°C	°C	kcal	kg/kg	kcal/kg	kcal
20	6,0	14,0	3,38	0,00583	591,8	3,45
25	8,4	16,6	4,00	0,00689	590,5	4,06
30	10,7	19,3	4,65	0,00805	589,2	4,74

Erläuternd ist dazu noch folgendes zu sagen: Die trockene Luft von 1 kg gibt bei dem Abkühlungsvorgang die Wärmemenge

$$Q_a = (t - t_f) \cdot c_p \quad \text{(kcal)}$$

ab. Die Werte für t und t_f sind Bild 11 entnommen. c_p ist die spezifische Wärme der trockenen Luft (kcal/kg °C).

Derselben Luftmenge von 1 kg wird die zur Verdampfung des Wassergehaltes der Luft erforderliche Wärmemenge

$$Q_z = Q \cdot x_s \quad \text{(kcal)}$$

wieder zugeführt. Q ist die der jeweiligen Temperatur t_f entsprechende Verdampfungswärme in kcal/kg und x_s der Wassergehalt gesättigter feuchter Luft, bezogen auf 1 kg trockene Luft in kg/kg.

Die Werte der Spalten 4 und 7 der Zahlentafel 3 weichen, wie man sieht, nur wenig voneinander ab. Sie zeigen, daß die Sprungsche Formel für den Meßvorgang im Aspirationspsychrometer mit großer Genauigkeit angewendet werden

kann. Eine Wärmebilanz über das Zahlenbeispiel 2 in Zahlentafel 3 enthält Bild 12.

Zu den kleinen Unterschieden zwischen den vorhin errechneten Werten von Q_a und Q_z ist noch folgendes zu sagen:

Die gewählten Zahlenbeispiele der Zahlentafel 3 beziehen sich auf Luft, deren Anfangszustand vollkommen trocken ist. Für diese Beispiele ist Q_a etwas kleiner als Q_z. Normalerweise wird man aber nicht absolut trockene, sondern immer eine mit einer gewissen Feuchtigkeit schon behaftete Luft auf ihren relativen Feuchtigkeitsgehalt zu untersuchen haben. Auch dann wird man eine bestimmte psychrometische Differenz $(t - t_f)$ feststellen. Aber in diesem Falle ist nicht mehr

$$Q_a = (t - t_f) \cdot c_p,$$

denn außer der Luft selbst wird auch noch der schon in der Luft enthaltene Wasserdampf von der Temperatur t auf die Temperatur t_f abgekühlt. Dadurch wird der Wert für Q_a etwas größer, nämlich um das Produkt aus Wasserdampfmenge, spezifischer Wärme des Wasserdampfes und psychrometrischer Differenz, und gleicht sich dem Werte Q_z noch mehr an.

Dieser kurze Hinweis auf diesen Vorgang soll hier genügen. Eine weitere Untersuchung erübrigt sich, denn die Unterschiede zwischen Q_a und Q_z sind so klein, daß man sie bei Feuchtigkeitsmessungen nicht zu berücksichtigen braucht. Es hat sich gezeigt, daß die empirische Sprungsche Formel benutzt werden kann.

Die bisherigen Ausführungen dieses Abschnittes bezogen sich insbesondere auf das Verhalten vollkommen trockener Luft beim Meßvorgang im Aspirationspsychrometer.

Wenn man nun in derselben Weise das Verhalten vollkommen gesättigter Luft beim Meßvorgang im Aspirationspsychrometer untersucht, dann ist festzustellen, daß das trockene und feuchte Thermometer gleiche Temperaturwerte anzeigen. Am feuchten Thermometer kann dann keine Wasserverdampfung stattfinden; es erfolgt also auch keine Abkühlung der Luft. Die psychrometrische Differenz ist gleich Null. Es ist $t = t_f$.

Diese beiden Grenzfälle hinsichtlich des Feuchtigkeitsgehaltes der Luft, $\varphi = 0\%$ und $\varphi = 100\%$, bilden die Grundlage dafür, das Ix-Diagramm von Mollier so zu ergänzen, daß es zur Bestimmung der relativen Luftfeuchtigkeit benutzt werden kann.

Im Ix-Diagramm von Mollier, dessen allgemeiner Aufbau hier als bekannt vorausgesetzt werden muß, werden die beiden erwähnten Grenzfälle dargestellt durch

1. die Gerade $x = 0$ für trockene Luft ($\varphi = 0\%$),
2. die Sättigungslinie für gesättigte Luft ($\varphi = 100\%$).

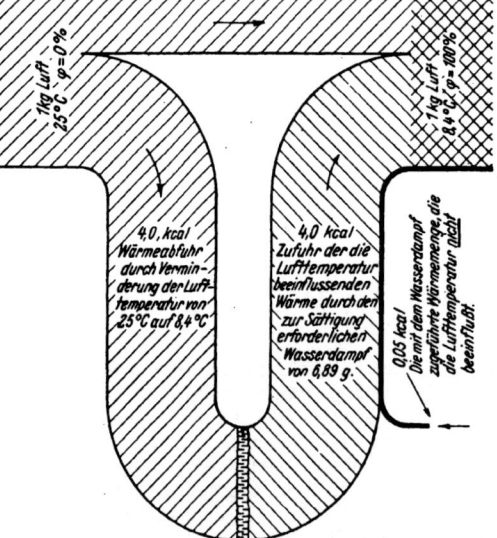

Bild 12. Wärmefluß beim Übergang von 1 kg Luft von 25° C aus dem trockenen in den gesättigten Zustand ohne Wärmeaustausch mit der Umgebung. Barometerstand = 755 mm QS.

Diese beiden Grenzlinien sind durch die Geraden $t =$ konst. miteinander verbunden. Dabei ist t die Temperatur des trockenen Thermometers im Aspirationspsychrometer. Auf der Sättigungslinie wird $t = t_f$ Dabei ist t_f die Temperatur des feuchten Thermometers im Aspirationspsychrometer. Trägt man nun die Beziehungen zwischen t und t_f, wie sie in Bild 11 für den Grenzfall $\varphi = 0\%$ ermittelt sind, in das Ix-Diagramm ein, dann erhält man nach Bild 10 eine neue Schar von Geraden $t_f =$ konst., die ebenfalls die beiden Grenzlinien miteinander verbinden. Damit hat das Ix-Diagramm eine Ergänzung erfahren, die es gestattet, mit Hilfe der Temperaturanzeigen des Aspirationspsychrometers den relativen Feuchtigkeitsgehalt der untersuchten Luft unmittelbar aus dem Ix-Diagramm abzulesen. Durch den jeweiligen Schnittpunkt der Geraden $t =$ konst. und $t_f =$ konst. — es handelt sich hier also um die mit dem Aspirationspsychrometer ermittelten Temperaturen —, ist der relative Feuchtigkeitswert bestimmt.

Der Vorteil dieser Methode liegt nun besonders darin, daß man gleichzeitig mit der Feuchtigkeitsbestimmung auch alle übrigen Zustandsgrößen der untersuchten Luft aus dem Diagramm ablesen kann. So kann z. B. der Wasserdampfteildruck der feuchten Luft gefunden werden, indem man entsprechende senkrechte Linien zu dem Schaubild in der rechten unteren Ecke des Bildes 10 zieht.

Es muß noch bemerkt werden, daß das Ix-Diagramm nach Bild 10 für einen Barometerstand von 760 mm QS gültig ist, während den Werten in Bild 11 ein Barometerstand von 755 mm QS zugrunde liegt. Die hierdurch hervorgerufenen Unterschiede wurden berücksichtigt.

Zusammenfassend und abschließend ist über die Untersuchungen, die die Benutzung des Ix-Diagramms zur Bestimmung des relativen Feuchtigkeitsgehaltes der Luft zum Gegenstand hatten, folgendes zu sagen:

Durch die Sprungsche Formel wurden diejenigen Temperaturen rechnerisch ermittelt, auf die sich das trockene und feuchte Thermometer des Aspirationspsychrometers dann einstellen, wenn diesem Meßgerät absolut trockene Luft zugeführt wird. Jeder trockenen Temperatur entspricht eine ganz bestimmte feuchte Temperatur. Beide Temperaturen stehen in gesetzmäßiger Beziehung zueinander. Diese Gesetzmäßigkeit wird auf S. 10 bis 11 bewiesen durch eine Untersuchung über den Wärmefluß, der sich bei dem Übergang der Luft von der Temperatur t auf die Temperatur t_f vollzieht. Die bei der Abkühlung der Luft von t auf t_f freiwerdende Wärmemenge entspricht derjenigen Wärmemenge, die für die Verdampfung derjenigen Wassermenge nötig ist, die die Luft zu ihrer vollkommenen Sättigung bei der Temperatur t_f aufnehmen muß.

Das bedeutet aber nicht, daß Luft in vollkommen trockenem Zustande bei der Temperatur t denselben Wärmeinhalt hat wie Luft in gesättigtem Zustande bei der entsprechenden Temperatur t_f. Die in das Ix-Diagramm des Bildes 10 eingetragenen, t mit dem entsprechenden t_f verbindenden Geraden $t_f =$ konst. sind keine Geraden gleichen Wärmeinhaltes, sie verlaufen nicht parallel, sondern in einem spitzen Winkel zu den Geraden gleichen Wärmeinhaltes $i =$ konst. Die Schnittpunkte dieser beiden Geraden liegen auf der Senkrechten $x = 0$. Die Abweichungen voneinander sind am größten auf der Sättigungslinie und steigern sich mit zunehmender Temperatur.

Die Abweichungen sind zwar in dem für die Raumluftfrage maßgebenden Temperaturbereich so klein, daß man sie unberücksichtigt lassen darf; trotzdem soll aber noch kurz nachgewiesen werden, welche physikalische Ursache diese Abweichungen haben.

Durch den Verdampfungsvorgang des Wassers am feuchten Thermometer des Aspirationspsychrometers wird der Luft der gesamte Wärmeinhalt des Wasserdampfes zugeführt. Außer der Verdampfungswärme, die der durch die Abkühlung der trockenen Luft freigewordenen Wärmemenge entspricht, wird die Luft also noch zusätzlich um die Flüssigkeitswärme des verdampfenden Wassers angereichert.

Diese Flüssigkeitswärme, die Differenz aus dem Gesamtwärmeinhalt des Dampfes und der Verdampfungswärme, bildet also die erwähnte Abweichung, die in Bild 10 auch in einigen Beispielen zum Ausdruck gebracht wird.

Nach dieser Feststellung ist es nunmehr angebracht, noch einiges über den bereits genannten Begriff der äquivalenten Temperatur zu sagen. Im Ix-Diagramm werden durch die Schnittpunkte einer Geraden $i =$ konst. mit der Sättigungslinie und der Senkrechten $x = 0$ jeweils zwei Temperaturen bestimmt. Hierbei ist die durch die Geraden $i =$ konst. und $x = 0$ bestimmte Temperatur nach Koeniger (12) die »höchste äquivalente Temperatur« zu der durch die Sättigungslinie und dieselbe Gerade $i =$ konst. bestimmten Temperatur. Die »höchste äquivalente Temperatur« ist also diejenige Temperatur, bei der die auf 1 kg bezogene Luft absolut trocken ist ($\varphi = 0\%$) und bei der der Wärmeinhalt der gleiche ist, wie bei derselben Menge Luft, die vollständig gesättigt ist ($\varphi = 100\%$).

Von dieser Temperaturäquivalenz weichen die in Bild 11 aufgezeichneten, einander zugeordneten Werte t und t_f eine Kleinigkeit ab. Die ursächliche Entstehung dieser Abweichung wurde bereits nachgewiesen. Die Größe der Abweichung ist in Bild 10 aus dem Verlauf der Geraden $i =$ konst. und der entsprechenden Geraden $t_f =$ konst. zu ersehen.

Die Untersuchungen dieses Abschnittes über physikalische Vorgänge im Aspirationspsychrometer erbrachten den Nachweis, daß zur Bestimmung der relativen Luftfeuchtigkeit die empirische Sprungsche Formel benutzt und auch das Ix-Diagramm verwendet werden kann.

Diese Untersuchungen enthalten aber ebenfalls die Grundlagen, auf denen die Wirkungsweise und Regelung aller »Klimaanlagen« aufgebaut sind. Bei den heute unter dieser Bezeichnung bekannten, Temperatur und relative Feuchtigkeit selbsttätig regelnden Luftaufbereitungsanlagen wird die Luft zunächst fast immer auf die Temperatur t_f gebracht. Dabei bezieht sich die Temperatur t_f auf den Zustand der Luft, wie sie der Klimaanlage zugeführt wird. Diese Temperatur t_f bildet dann den Taupunkt der klimatisierten Raumluft. Der Verlauf dieses Vorganges kann im Ix-Diagramm sehr leicht verfolgt werden. Auf die hier nur kurz angedeuteten Zusammenhänge soll in einem späteren Abschnitt näher eingegangen werden.

D. Methoden und Geräte zur Messung des Luftzustandes.

Die wichtigste Grundlage für eine einwandfreie Untersuchung von Betriebsvorgängen ist ein zuverlässiges Meßgerät. Der Betriebsingenieur in der Textilindustrie kann den Einfluß des Raumluftzustandes auf die Verarbeitung von Faserstoffen nur dann planmäßig verfolgen, und er kann weiterhin den Wert einer eingebauten Luftaufbereitungsanlage für seinen Betrieb nur dann beurteilen, wenn ihm ein Meßgerät zur Verfügung steht, welches ein richtiges Ergebnis über die ihn angehenden Zustandswerte der Raumluft anzeigt oder vermittelt.

Dem Textilingenieur genügt nicht ein Meßgerät, das nur für Versuchszwecke zur Hand genommen werden kann, sondern er braucht ein Gerät, das geeignet ist, zur ständigen Überwachung von Lufttemperatur und relativer Luftfeuchtigkeit in den Arbeitssälen des Textilbetriebes aufgestellt zu werden.

Nachstehend sollen einige Meßgeräte auf eine solche Eignung hin geprüft werden. Das Aspirationspsychrometer nach Aßmann scheidet bei dieser Untersuchung aus, da wir dieses Meßgerät bereits als wertvolles Prüf- und Eichgerät für Luft-Temperatur und Feuchtigkeit auf Grund physikalischer Berechnungen kennen lernten.

1. Das einfache Psychrometer.

Grundsätzlich beruht die Wirkungsweise des einfachen Psychrometers (Bild 1) genau wie die des Aspirationspsychrometers nach Aßmann auf einem Verdunstungsvorgang. Einen großen Einfluß auf die Wasserverdunstung am feuchten Thermometer des Meßgerätes hat die Belüftung, was beispielsweise auch in Zahlentafel 1 durch die Angabe der Mindestgeschwindigkeiten des Luftstromes an den Thermometergefäßen zum Ausdruck kommt.

Da das einfache Psychrometer nicht künstlich belüftet wird, ist es verständlich, daß seine Meßgenauigkeit sehr in

Augenhöhe an vorhandenen Säulen und Wänden aufgehängt. Die Benutzung dieser Meßgeräte ist sehr einfach. Durch eine drehbar angeordnete, mit dem Gerät verbundene Zahlentafel ist die relative Feuchtigkeit zu ermitteln. Die Verwendung dieser Tafel ergibt Werte, die 1 bis 2 relative Feuchtigkeitsprozente niedriger liegen, als eine Berechnung nach der Sprungschen Formel ergeben würde. Das zeigt, daß der Lieferant bereits einen Korrekturwert für richtig gehalten hat.

Die untersuchten Geräte wurden immer an Ort und Stelle belassen, so daß also bei jeder vorgenommenen Messung eine Einstellung auf den vorhandenen Raumluftzustand nicht abgewartet zu werden brauchte. Den Standort der Meßgeräte zeigen die Lichtbilder Bild 13 bis 15.

Zahlentafel 4.

Meßstelle	Lfd. Nr.	Datum und Zeit	Spinnerei in Betrieb	Einfaches Psychrometer			Aspirationspsychrometer			Untersch. der Anzeigen in Feuchtigkeits-Prozenten bez. auf die Werte des Asp.-Psychrom.
				trockene Temp. t °C	feuchte Temp. t_f °C	relat. Feuchte φ %	trockene Temp. t °C	feuchte Temp. t_f °C	relat. Feuchte φ %	
1	2	3	4	5	6	7	8	9	10	11
1. Ringspinnsaal. Werk I, Altbau. s. Bild 13	1	20. 7. 37 8²⁵	ja	25,5	21,2	67	26,0	20,4	60	7
	2	20. 7. 37 14³⁰	»	27,3	22,5	65	28,2	21,7	56	9
	3	22. 7. 37 8³⁰	»	25,1	20,1	62	25,7	19,1	54	8
	4	24. 7. 37 11⁴⁵	nein	20,4	17,1	71	21,1	15,7	57	14
	5	24. 7. 37 18⁴⁵	»	20,5	17,2	71	20,8	15,2	55	16
	6	25. 7. 37 11⁴⁰	»	19,2	16,1	71	19,3	14,3	58	13
2. Ringspinnsaal. Werk I, Altbau. s. Bild 14	1	20. 7. 37 8³⁵	ja	26,8	21,5	66	26,8	20,7	58	8
	2	20. 7. 37 14⁴⁰	»	28,3	23,0	63	28,3	22,3	60	3
	3	22. 7. 37 . 8⁴⁰	»	25,7	20,3	60	26,0	19,6	55	5
	4	24. 7. 37 12⁰⁵	nein	20,6	17,4	72	20,9	15,6	58	14
	5	24. 7. 37 18⁴⁰	»	20,4	16,9	69	20,8	15,4	57	12
	6	25. 7. 37 11⁵⁰	»	19,1	16,3	70	19,2	14,2	58	12
3. Flyersaal. Werk I, Altbau s. Bild 15	1	30. 7. 37 14³⁵	ja	24,7	20,3	65	24,9	18,4	53	12
	2	31. 7. 37 8¹⁰	nein	22,6	19,2	71	22,5	16,8	56	15
	3	4. 8. 37 17³⁰	ja	25,2	19,9	60	25,6	18,1	48	12
	4	9. 8. 37 17³⁰	»	27,3	20,6	52	27,9	18,4	40	12
	5	12. 8. 37 14⁴⁵	»	26,3	21,1	61	26,7	18,6	46	15
	6	18. 8. 37 15¹⁵	»	24,1	19,3	62	24,4	17,6	51	11
	7	22. 8. 37 15³⁰	nein	21,5	18,2	72	21,6	16,6	60	12

Frage gestellt werden muß. Wie berechtigt das ist, sollen Betriebsuntersuchungen zeigen.

Das einfache Psychrometer hat in Textilbetrieben außerordentlich starke Verbreitung gefunden. Gerade aus diesem Grunde ist eine nähere Untersuchung erforderlich, um dem Textilingenieur zu zeigen, wie wenig zuverlässig dieses Meßgerät ist.

Das mit dem Psychrometer erzielte Meßergebnis steht in Beziehung zu dem jeweils an der Meßstelle herrschenden Luftzug. Es würde über den Rahmen dieser Arbeit hinausgehen, wollte man diese Luftströmungen im freien Raum aber auf ihre Geschwindigkeiten hin zahlenmäßig ermitteln. Deshalb kann im Verlauf dieser Untersuchungen auch nur auf die den Luftzug am Meßgerät fördernden oder hemmenden Umstände hingewiesen werden.

Durch jeden Menschen, der durch den Arbeitssaal geht, entsteht beispielsweise eine Luftströmung, die wohl durch Faserstoffteilchen, die in der Luft schweben, wahrzunehmen ist, die aber nach Dauer, Häufigkeit und Geschwindigkeit nur sehr schwer zu bestimmen ist. Doch letzten Endes kommt es ja auf diese Ermittlung auch gar nicht an; maßgebend ist nur, zu wissen, wie die Meßergebnisse des einfachen Psychrometers in den Arbeitssälen der Textilindustrie unter den dort herrschenden Betriebsverhältnissen sind.

Zahlreiche Untersuchungen darüber wurden durchgeführt, und wahllos sollen einige Versuchsreihen aus ihnen herausgegriffen werden, deren Ergebnisse in Zahlentafel 4 zusammengestellt sind. Die Messungen wurden teils während der Arbeitszeiten und teils auch in den Betriebspausen vorgenommen.

In Textilbetrieben findet man meistens in jedem Arbeitssaal mehrere dieser einfachen Psychrometer; sie sind in

In der Zahlentafel 4 sind in Spalte 5 bis 7 die mit dem einfachen Psychrometer abgelesenen Temperaturen t und t_f sowie die mit der dazugehörigen Gerätetafel ermittelten Werte φ eingetragen. Spalte 8 bis 10 zeigen das Ergebnis der Vergleichsmessungen mit dem Aspirationspsychrometer.

Bild 13.
Zur Untersuchung des einfachen Psychrometers (s. S. 14).

Bild 14.
Zur Untersuchung des einfachen Psychrometers.

Bild 15.
Zur Untersuchung des einfachen Psychrometers.

Spalte 11 gibt an, wie groß der Unterschied zwischen der mit dem einfachen Psychrometer ermittelten relativen Feuchtigkeit und dem richtigen Ergebnis des Aspirationspsychrometers ist. Diese Zahlen geben den Unterschied in relativen Feuchtigkeitsprozenten an, sie zeigen, daß die Fehler des einfachen Psychrometers stark schwanken.

An der Meßstelle 1 ist das Psychrometer an einer Säule im Hauptgang eines Ringspinnsaales befestigt. Die während der Betriebszeit ermittelten Werte zeigen Fehler, die kleiner sind als die in den Betriebspausen erzielten Ergebnisse. Diese Tatsache ist dadurch zu erklären, daß durch die arbeitenden Spinnmaschinen, durch die Luftbefeuchtungsanlage und durch den im Hauptgang sich abwickelnden Personenverkehr eine Bewegung der Raumluft hervorgerufen wird, die die Verdunstung am feuchten Thermometer fördert. Dadurch wird die psychrometrische Differenz größer und das Meßergebnis wird dem richtigen Wert nähergerückt.

An der zweiten Meßstelle ist das einfache Psychrometer auch im Hauptgange des Spinnsaales angebracht, aber freihängend nach Bild 14. Hier kommt die Bewegung der Raumluft ungehinderter als im ersten Falle zur Wirkung; die Meßergebnisse lassen dies erkennen. Die unterschiedlichen Fehlerwerte sind darauf zurückzuführen, daß durch den abwechselnd starken und schwachen Verkehr an der Meßstelle vorbei auch die Luftströmungen zeitlich schwanken.

Die dritte Meßstelle (Bild 15) befindet sich zwischen zwei Flyermaschinen. Die Säule, die hier als Befestigungspunkt dient, ist stärker als in den ersten beiden Fällen, sie »schützt« ungünstigerweise das Meßgerät vor Luftströmungen, das Gerät hängt gleichsam im Windschatten der Säule. In demselben Sinne wirken auch die zu beiden Seiten stehenden Arbeitsmaschinen; die Bewegung der Saalluft kommt nicht zur Wirkung. Und deshalb liegen die Fehlerwerte sowohl während als auch außerhalb der Betriebszeit im gleichen Bereich.

Außer den mangelhaften Luftströmungen an den Thermometern des einfachen Psychrometers führen auch auftretende Wärmestrahlungen zu einem falschen Meßergebnis, da die Thermometer keinen Strahlungsschutz haben.

Während der Zeit der angestellten Untersuchungen wurde darauf geachtet, daß die als Feuchtigkeitsträger die Quecksilberkugel der feuchten Thermometer umgebenden Gewebehüllen vollkommen sauber waren, so daß dadurch keine zusätzliche Fehlerquelle entstehen konnte. Es besteht sonst in Textilbetrieben leicht die Gefahr einer solchen Verschmutzung; besonders in der Weberei wird von der Luft der feine Schlichtestaub, der sich beim Webvorgang aus den Garnketten löst, an die Feuchtthermometer heran-

getragen. Dadurch wird dann die Verdunstung am feuchten Thermometer gehemmt und der Meßwert zeigt eine noch größere Abweichung vom tatsächlich vorhandenen Raumluftzustand. Versuchsweise wurde festgestellt, daß die Verschmutzung des feuchten Thermometers so weit gehen kann, daß beide Thermometer gleiche Werte anzeigen und $t = t_f$ wird. Aber auch bei einwandfreiem Sauberhalten sind diese Meßgeräte zur Betriebsüberwachung, wie Zahlentafel 4 zeigt, nicht geeignet.

2. Der Thermohygrograph.

Ein altbekanntes Gerät zum Messen der Luftfeuchtigkeit ist das Haarhygrometer. Seine Wirksamkeit beruht auf der großen Empfindlichkeit des menschlichen Haares gegenüber Feuchtigkeitseinflüssen. Das Haar ändert seine Länge nach dem relativen Feuchtigkeitsgehalt der Luft. Obwohl die Zuverlässigkeit dieses empirischen Meßgerätes vielfach wegen seiner unvollkommenen »wissenschaftlichen Grundlage« in Zweifel gezogen wird, muß doch diesem Gerät ein außerordentlich großer Wert zuerkannt werden, wie spätere Untersuchungsergebnisse zeigen werden.

Bild 16. Thermohygrograph.

Zur Messung von Luftfeuchtigkeit und Temperatur standen Haarhygrometer in Verbindung mit Bimetallthermometern zur Verfügung, deren Meßergebnisse durch eintägige oder wöchentliche Uhrwerke fortlaufend auf einem Meßstreifen aufgezeichnet werden. Diese schreibenden Meßgeräte, Thermohygrographen nach Bild 16, waren Erzeugnisse teils der Firma W. Lambrecht, Göttingen, teils der Firma R. Fueß, Berlin-Steglitz. Durch umfangreiche Untersuchungen, über die nachstehend berichtet wird, unter den verschiedenartigsten Bedingungen konnte festgestellt werden, daß diese Geräte für die Überwachung des Luftzustandes sowohl der Außenluft als auch der Raumluft sehr zuverlässig und äußerst praktisch sind.

Von richtig geeichten Feuchtigkeitsmessern dieser Art erhält man Meßergebnisse, die in ihrer Genauigkeit nicht durch Temperatur- und Luftdruckschwankungen beeinflußt werden und ebenfalls unabhangig davon sind, ob eine Luftbewegung im Raum vorhanden ist oder nicht. Gerade diese letzte Eigenschaft macht das Meßgerät für Betriebsmessungen so außerordentlich wertvoll, da die Luftbewegungen in Textilbetrieben wechselnd sind. Wie wichtig die Luftbewegung für Psychrometer ist, haben wir im vorigen Abschnitt gesehen.

Zur Prüfung der Meßgenauigkeit wurden mit einem der zehn vorhandenen Thermohygrographen bei verschiedenen Werten von Temperatur und relativer Feuchtigkeit der Luft Versuche durchgeführt, deren Ergebnisse in Zahlentafel 5 und Bild 17 und 18 zusammengestellt sind. Das schreibende Gerät wurde nacheinander in Räume mit verschiedenem Luftzustand gebracht, wobei darauf geachtet wurde, daß

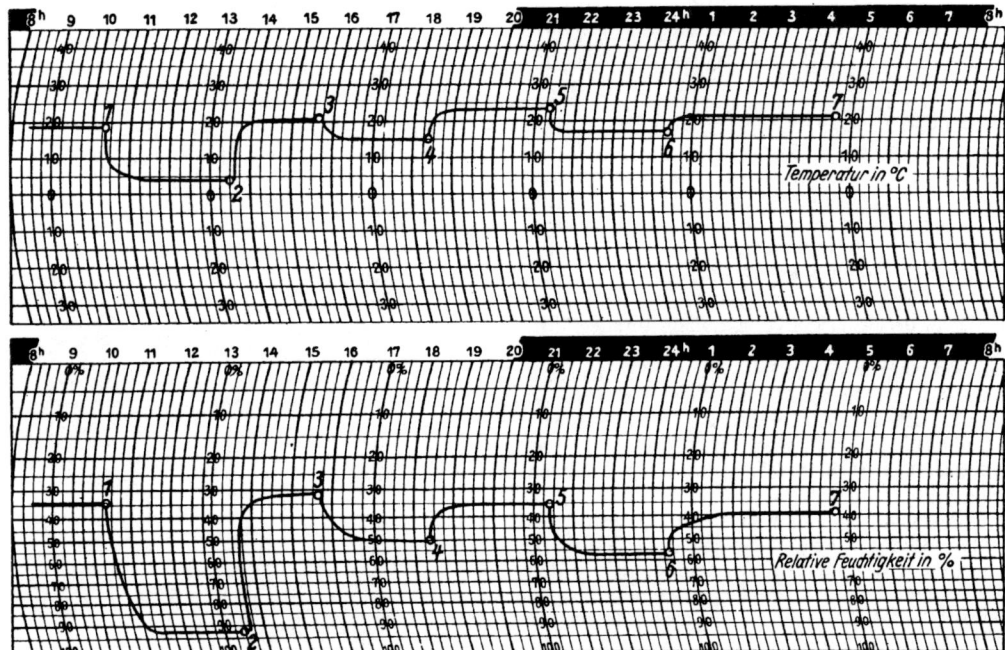

Bild 17. Zur Untersuchung der Meßgenauigkeit eines Thermohygrographen (s. Zahlentafel 5, Nr. 1 bis 7).

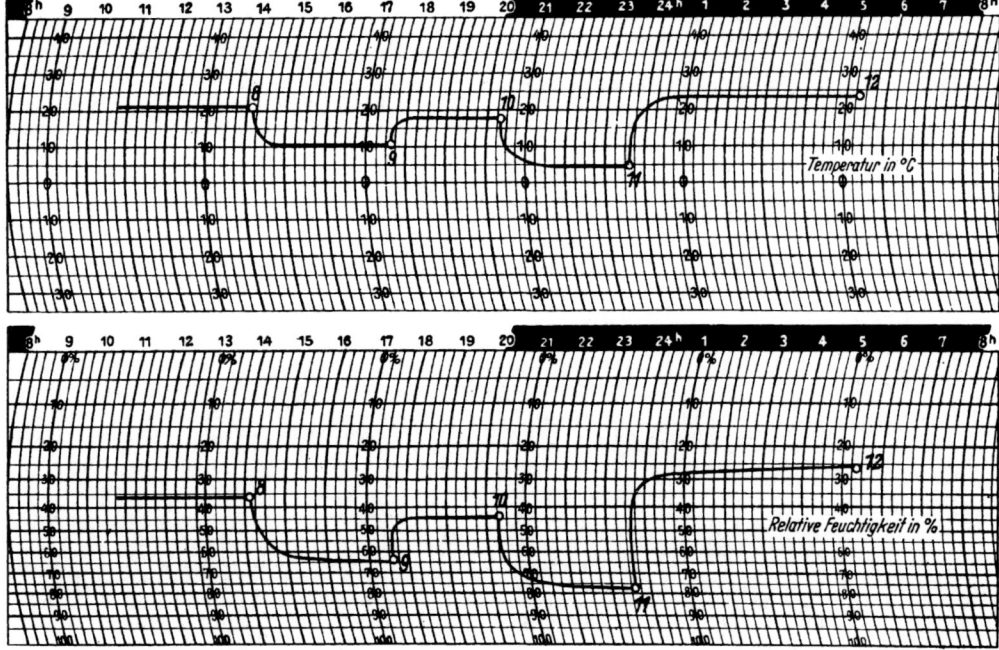

Bild 18. Zur Untersuchung der Meßgenauigkeit eines Thermohygrographen (s. Zahlentafel 5, Nr. 8 bis 12).

Zahlentafel 5. Untersuchung eines Thermohygrographen bei wechselnden Luftzuständen.

Meßstelle	Lfd. Nr.	Zeit	Aspirationspsychrometer			Thermohygrograph		Meßfehler des Hygrographen in relativen Feuchtigkeits-Prozenten
			trockene Temp. t °C	feuchte Temp. t_f °C	relative Feuchte φ %	trockene Temp. t °C	relative Feuchte φ %	
1	2	3	4	5	6	7	8	9
Raum A	1	26. 12. 36	18,7	10,5	33,5	19	34	+ 0,5
» B	2	» »	4,1	3,4	89,5	4,2	92	+ 2,5
» A	3	» »	21,2	12,3	34	20,5	32	— 2
» C	4	27. 12. 36	15,8	10,0	47	15,5	50	+ 3
» D	5	» »	23,9	14,2	33	23,8	35	+ 2
» E	6	28. 12. 36	17,0	12,4	58,5	17,0	56,5	— 2
» A	7	» »	21,4	13,0	37	21,0	39	+ 2
Raum D	8	14. 11. 37	21,2	12,6	35	21,0	36	+ 1
» E	9	» »	10,7	7,5	64	10,5	64	0
» C	10	» »	17,8	11,4	45	18,0	44	— 1
» B	11	15. 11. 37	4,4	3,0	79,5	4,5	77,5	— 2
» A	12	17. 11. 37	23,4	12,0	22,5	23,0	26,0	+ 3,5

während des Meßvorganges eine Änderung des Luftzustandes nicht eintrat. Bei all diesen Messungen waren im Raume keine wahrnehmbaren Luftströmungen vorhanden. Sobald sich das Gerät auf den Raumluftzustand eingestellt hatte, wurde eine Vergleichsmessung mit dem Aspirationspsychrometer vorgenommen. Die ermittelten Abweichungen sind in Spalte 9 der Zahlentafel 5 eingetragen.

Sämtliche Untersuchungen der Zahlentafel 5 wurden an ein und demselben Thermohygrographen durchgeführt. Zwischen den Messungen Nr. 1 bis 7 und Nr. 8 bis 12 liegt ein Zeitraum von beinahe einem Jahr. In der Zwischenzeit diente das untersuchte Meßgerät zur dauernden Überwachung des Luftzustandes im Textilbetrieb und war dort zeitweilig staubhaltiger Luft ausgesetzt. Dadurch wurde, wie die vorhergehenden Zahlen zeigen, die Meßgenauigkeit nicht beeinflußt.

Weitere Untersuchungen an einem Thermohygrographen wurden in einem Spinnsaal vorgenommen. Dabei waren die Raumluftverhältnisse dieselben wie bei den bereits erwähnten Untersuchungen des einfachen Psychrometers im Arbeitssaal eines Textilbetriebes. Die Luftbewegung an der Meßstelle war von Zeit zu Zeit verschieden. Bild 19 zeigt die Meßstelle mit dem untersuchten Thermohygrographen. Über das Ergebnis dieser Untersuchung gibt die Zahlentafel 6 Aufschluß.

Die mit dem Aspirationspsychrometer ermittelten Meßfehler sind so klein, daß man sie durchaus als zulässige Ablese- bzw. Berechnungsfehler betrachten kann.

Abschließend soll hier noch eine besonders für Betriebsingenieure wichtige Bemerkung über die Wartung der Thermohygrographen angeführt werden:

Durch langzeitige Untersuchung und Benutzung dieser Geräte wurde die Erfahrung gemacht, daß der Thermohygrograph in Zeitabständen von einigen Wochen mit dem Aspirationspsychrometer auf seine Anzeigerichtigkeit nachzuprüfen ist. Besonders in Räumen, in denen die Luft einen gleichbleibenden und dabei niedrigen oder mittleren relativen Feuchtigkeitsgehalt hat, kann es vorkommen, daß

nach einer gewissen Zeit die Meßgenauigkeit nachläßt. Sobald das mit dem Aspirationspsychrometer festgestellt wird, dann ist zu empfehlen, den Fehler nicht durch die am Gerät vorhandene Stellschraube zu berichtigen, sondern das Meßgerät für einige Stunden in einen Raum zu bringen,

Bild 19. Zur Untersuchung des Thermohygrographen.

dessen Luftzustand der Sättigungsgrenze möglichst nahe kommt. Das ist leicht durchzuführen, indem man das Meßgerät von allen Seiten mit einem feuchten Tuche umgibt und dann in einen geschlossenen Kasten stellt. Dadurch wird der Fehler ausgemerzt und das Meßgerät gibt hinfort wieder den richtigen Wert der relativen Luftfeuchtigkeit an.

Zahlentafel 6.

Meßstelle	Lfd. Nr.	Datum und Zeit	Spinnerei in Betrieb	Thermohygrograph		Aspirations-Psychrometer			Untersch. der Meßergebn. in Feuchtigkeits-Prozenten, bez. auf die Werte des Asp.-Psychrom.
				Luft-temp. t °C	relative Feuchte φ %	trockene Temp. t °C	feuchte Temp. t_f °C	relative Feuchte φ %	
1	2	3	4	5	6	7	8	9	10
Ringspinnsaal. Werk I Altbau. s. Bild 19	1	20. 7. 37 8⁴⁰	ja	26,0	60	26,2	20,6	60	0
	2	20. 7. 37 14⁴⁵	»	28,5	55	29,0	22,2	55	0
	3	22. 7. 37 8⁴⁵	»	24,0	60	24,6	19,2	60	0
	4	24. 7. 37 11⁵⁵	nein	21,0	57,5	21,2	15,6	56	+ 1,5
	5	24. 7. 37 18⁵⁰	»	20,5	56	20,8	15,2	55	+ 1
	6	25. 7. 37 12⁰⁰	»	19,2	58,5	19,4	14,2	57	+ 1,5
	7	30. 7. 37 14⁵⁰	ja	28,5	47,5	28,9	20,8	48	— 0,5

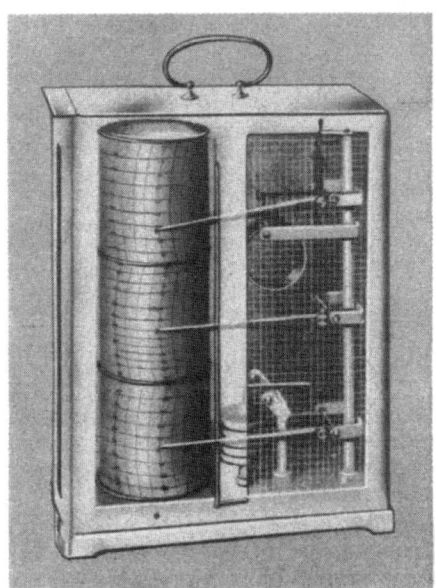

Bild 20. Meteorograph.

Eine Erklärung kann dieser Vorgang nur durch die Struktur und die Eigenart des feuchtigkeitsempfindlichen menschlichen Haares im Hygrometer finden. Bongards, dessen Buch über Feuchtigkeitsmessung schon früher angeführt wurde, sagt, daß diese Meßgeräte durch sehr feuchte Luft »regeneriert« werden.

Aus diesem Grunde ist es auch leicht verständlich, daß ein Thermohygrograph, der versuchsweise zur Messung der Außenluftwerte aufgestellt wurde, monatelang die Luftfeuchtigkeit richtig anzeigte. Denn in diesem Falle ist das Meßgerät in kurzen Zeitabständen naturgegeben immer wieder hochgesättigter Luft (nachts) ausgesetzt.

3. Der Meteorograph.

Der Meteorograph (Bild 20) ist ein Thermohygrograph mit einer zusätzlichen Meßeinrichtung zur Aufzeichnung des Barometerstandes. Bei der Messung des Außenluftzustandes, dessen Verlauf man für die Untersuchung der Raumluftfrage genauestens kennen muß, leistet der Meteorograph vorzügliche Dienste.

Um aber immer ein zuverlässiges und richtiges Meßergebnis zu erzielen, muß der Aufstellung des Gerätes ganz besondere Sorgfalt gewidmet werden. Bild 21 zeigt die im Freien aufgebaute Meßstelle. Sie muß so eingerichtet sein, daß die Außenluft ungehindert an die Geräteteile gelangen kann, die die Temperatur- und Feuchtigkeitsanzeige bewirken, dabei muß aber der Schutz gegen direkte und indirekte Sonnenstrahlung so groß sein, daß dadurch kein meßbarer Fehler entstehen kann.

Das benutzte Meßgerät wurde ursprünglich in einen Schrank gestellt, dessen Boden, Decke und vier Wände mit engmaschigem Drahtgewebe bespannt waren. Der Schrank ruht in einem Rohrgestell, das mit einer Blechhaube abgedeckt war. Es wurde festgestellt, daß diese Aufstellung nicht genügt. Bei starker Sonneneinstrahlung und besonders dann bei windstillem Wetter wurden zu hohe Temperaturwerte angezeigt und zu niedrige relative Feuchtigkeitswerte.

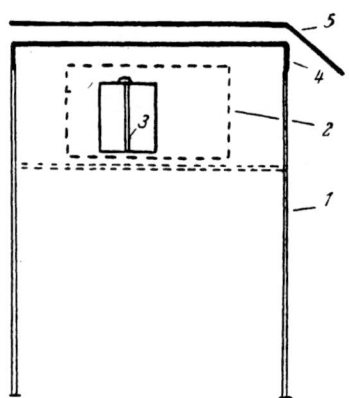

Bild 22. Aufbau der Meßstelle.
1 = Rohrgestell, 2 = Geräteschrank, 3 = Meßgerät, 4 = Erste Blechhaube (Strahlungsschutz), 5 = Zweite Blechhaube (aluminiumgestrichener Strahlungsschutz).

Das schematische Bild 22 zeigt die Meßstelle in ihrem endgültigen Aufbau nach verschiedenen Änderungen. Nunmehr werden unter den verschiedenartigsten Bedingungen fehlerfreie Aufzeichnungen gewonnen.

4. Andere Meßgeräte.

Für die Leitung eines Textilbetriebes ist es oft wünschenswert, den Stand der relativen Luftfeuchtigkeit im Arbeitssaal schnell im Vorbeigehen zu erfahren; dazu ist das Hygrometer nach Bild 23 mit weithin sichtbarer Skala gut geeignet, seine Zuverlässigkeit entspricht den Ergebnissen der untersuchten Hygrographen.

Bild 21. Meßstand für Aufzeichnung des Zustandes der Außenluft.

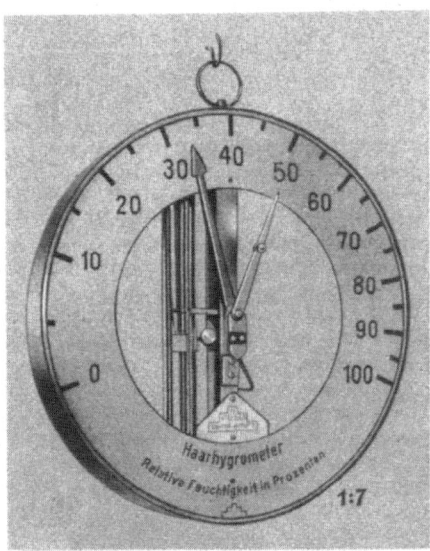

Bild 23. Hygrometer mit Kontakteinrichtung.

Es besteht auch ein allgemeines Verlangen nach einem handlichen Taschengerät, das bei guter Meßgenauigkeit in seiner Konstruktion doch unempfindlich sein muß. Diesen Anforderungen soll ein Gerät genügen, dessen Feuchtigkeitsmessung auf der Farbenveränderung hygroskopischer Metallsalze beruht (13). Dabei ändert ein mit Kobaltchlorür imprägniertes Papier seine Farbe zwischen Hellrosa und Blau bei den Grenzfällen einer relativen Luftfeuchtigkeit von 100% und 0%. Wenn nun dieser Farbindikator durch ein Rotfilter betrachtet und mit einer Grauskala verglichen wird, deren Schwärzungsgrad fein gestuft ist, dann sind nicht mehr Farbtöne, sondern Helligkeitsstufen ein Maßstab für den relativen Feuchtigkeitsgehalt der Luft.

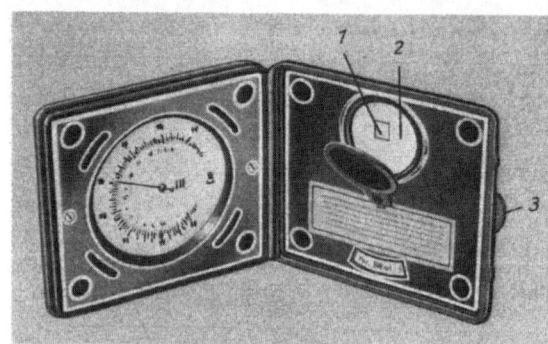

Bild 24. Hygrotherm.
Durch das Fenster *1* in der Kobaltchlorürmembran *2* ist die Grauskala zu sehen, die durch die Rändelscheibe *3* eingestellt wird; in der Mitte der nach vorn geklappte Rotfilter. — Die linke Hälfte des Gerätes enthält ein Bimetallithermometer.

Bei der Prüfung dieses Gerätes (Hygrotherm: Bild 24) konnte festgestellt werden, daß die Messung der relativen Luftfeuchtigkeit auf eine Genauigkeit von ± 5% möglich ist. Da diese Methode jedoch ganz und gar subjektiv ist, wurde dieser Feuchtigkeitsprüfer nicht weiter benutzt; es soll deshalb hier auf die Angabe weiterer Eigenschaften dieses Gerätes auch verzichtet werden.

5. Folgerungen.

Von den untersuchten Meßgeräten ist nur das Hygrometer zur Feuchtigkeitsmessung in Textilbetrieben brauchbar. Am besten erfüllt es für die Betriebskontrolle seinen Zweck, wenn es als schreibendes Gerät ausgebildet ist und mit einem schreibenden Thermometer vereinigt wird.

Als vollwertig und zuverlässig haben die Thermohygrographen aber erst dann zu gelten, wenn außerdem ein Aspirationspsychrometer als Prüf- und Eichgerät zur Verfügung steht. Diese beiden Geräte zusammen sind für den Textilingenieur ein vorzügliches Rüstzeug zur Überwachung des Raumklimas. Leider sind sie heute noch bei weitem nicht Allgemeingut der Textilindustrie; wenn sie es wären, dann würde über die Raumluftfrage im Textilbetrieb nicht mehr so große Unklarheit herrschen und insbesondere würde man eine einheitlichere Auffassung haben über die zweckmäßigste Luftfeuchtigkeit, über das jeweils erforderliche »spezifische Raumklima«, bei der Verarbeitung von Faserstoffen.

Als Nebenbemerkung zu dem Abschnitt über Methoden und Geräte zur Messung des Luftzustandes soll hier noch eine Beobachtung aus einem Textilbetrieb eingefügt werden, da daraus eine sehr lehrreiche Folgerung gezogen werden kann:

In einem Spinnsaal wurde ein richtig geeichter Thermohygrograph aufgestellt. Eine nach einiger Zeit vorgenommene Nachprüfung mit dem Aspirationspsychrometer ergab, daß der Thermohygrograph die Luftfeuchtigkeit um 16 relative Feuchtigkeitsprozente zu hoch anzeigte. Das lag daran, daß der für diesen Arbeitssaal zuständige Spinnereimeister den Thermohygrographen, dessen Anzeigerichtigkeit er anzweifelte, von neuem nach den mit einem einfachen Psychrometer ermittelten Feuchtigkeitswerten eingestellt hatte. Diese vermeintliche Berichtigung war zu einer Zeit vorgenommen worden als der Betrieb ruhte und deshalb Luftströmungen im Raum kaum vorhanden waren.

Dieser Fall bestätigt die Untersuchungen des einfachen Psychrometers und zeigt allgemein, welch außerordentlich große Bedeutung der Feuchtigkeitsmessung der Luft im Textilbetrieb beizumessen ist.

E. Beziehungen zwischen Außenluft und Raumluft.

1. Temperatur- und Feuchtigkeitsschwankungen der Außenluft.

Die Raumluftfrage kann man nur dann erfolgreich untersuchen, wenn man den Verlauf des Außenluftzustandes genau kennt. Deshalb wurden durch den Meteorographen fortlaufend Temperatur, relative Feuchtigkeit und Barometerstand der Außenluft aufgezeichnet. Dadurch ist es möglich, jeder Untersuchung der Raumluft im Textilbetrieb, wann immer sie auch durchgeführt werden mag, den gleichzeitigen Verlauf des Außenluftzustandes gegenüberzustellen. Aus der Gegenüberstellung dieser niedergeschriebenen Kurven lassen sich wertvolle Rückschlüsse auf die Abhängigkeit zwischen Innen- und Außenluft ziehen.

Im Textilbetrieb wird, unabhängig von der Tages- und Jahreszeit, immer ein gleichbleibender Raumluftzustand verlangt. Dieser klaren Forderung stehen scheinbar die zeitlich sehr wechselvollen Zustandswerte der Außenluft sehr im Wege.

Aus den Ergebnissen außenklimatischer Messungen, die während einer Dauer von mehr als zwei Jahren ununterbrochen durchgeführt wurden, sollen drei Meßstreifen herausgegriffen werden, die den Wochenverlauf von Temperatur, relativer Feuchtigkeit und Barometerstand aus verschiedenen Jahreszeiten wiedergeben. Die Aufzeichnungen dieser Bilder 25 bis 27 sollen nachfolgend untersucht werden. Dabei haben die Barometerstandskurven jedoch keine Bedeutung mehr; auf sie wurde bereits früher hingewiesen.

In Bild 25 mit den Zustandskurven einer Sommerwoche haben Temperatur und relative Feuchtigkeit im Verlaufe eines jeden Tages sehr unterschiedliche Werte. In etwas vermindertem Maße ist diese Tendenz zum Teil auch im Herbst nach Bild 26 vorhanden. Im Winter verlaufen die Kurven dagegen wesentlich flacher; in Bild 27 hat an einem Tage die relative Luftfeuchtigkeit allerdings einen hiervon stark abweichenden Verlauf.

Diese Meßstreifen zeigen zwar einen für die betreffenden Jahreszeiten typischen Verlauf des atmosphärischen Luftzustandes. Es muß aber bemerkt werden, daß immer wieder, auch von Tag zu Tag, erhebliche Abweichungen festzustellen sind, wie wir bei späteren Untersuchungen noch sehen werden.

Wenn man die drei erwähnten Meßstreifen aus verschiedenen Jahreszeiten in ihrem Verlauf an Hand des Ix-Diagramms nach Bild 10 verfolgt, dann findet man, daß die Luftzustände der einzelnen Wochenbilder Wasserdampfgehalte (x-Werte) haben, die selbst bei stark wechselnder relativer Luftfeuchtigkeit nicht sehr voneinander abweichen. Das wird am besten klar, wenn man die Luftfeuchtigkeitswerte von einigen Tagen umrechnet und auf eine gleichbleibende Temperatur von 25° C bezieht. Dann erhält man Kurven, wie sie zusätzlich in Bild 25 bis 27 eingetragen worden sind. Die auf diese Weise entstandenen Linien der relativen Feuchtigkeit zeigen gleichzeitig die Charakteristik der absoluten Luftfeuchtigkeit. Die Temperatur von 25° C wurde zugrunde gelegt, weil diese Temperatur in vielen Arbeitssälen der Textilindustrie erwünscht ist.

Wir haben gesehen, daß die Kurven der relativen Feuchtigkeit verhältnismäßig sehr flach verlaufen, sobald man die Außenluft auf eine gleichbleibende Temperatur bringt. Diese Feststellung soll noch ergänzt werden durch eine zahlenmäßige Untersuchung der Außenluftfeuchtigkeit von drei verschiedenen Tagen. Das Ergebnis zeigt die Zahlentafel 7.

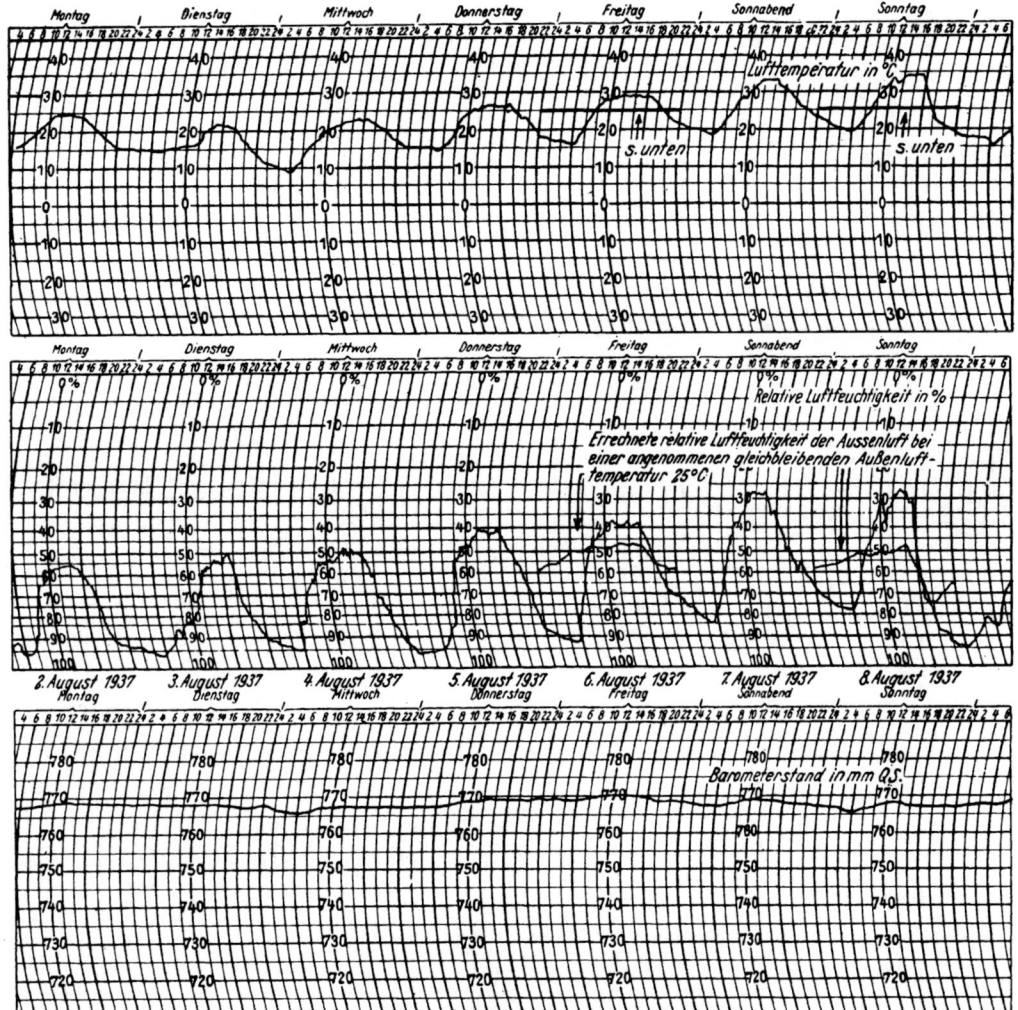

Bild 25. Verlauf des Luftzustandes der Außenluft während einer Sommerwoche.

Zahlentafel 7.

Zeit und Stunde der Messung	Luft-temperatur t °C	Relative Luft-feuch-tigkeit φ %	Absoluter Wasser-dampfge-halt der Luft x g/kg	x_{max} = Höchste abs. Tagesluftfeuch-tigkeit x_{min} = Niedrigste abs. Tagesluftfeuch-tigkeit $\varDelta x = x_{max} - x_{min}$	Zeit und Stunde der Messung	Luft-temperatur t °C	Relative Luft-feuch-tigkeit φ %	Absoluter Wasser-dampfge-halt der Luft x g/kg	x_{max} = Höchste abs. Tagesluftfeuch-tigkeit x_{min} = Niedrigste abs. Tagesluftfeuch-tigkeit $\varDelta x = x_{max} - x_{min}$
1	2	3	4	5	1	2	3	4	5
6. Aug. 37 s. Abb. 25					22. Okt. 37				
0 Uhr	19	87	12,0		12 Uhr	14	59	5,9	
2 »	18	88	11,3	$x_{max} = 12,0$ g/kg	14 »	18	49	6,3	$\varDelta x = 2,7$ g/kg
4 »	17	91	11,0	$x_{min} = 9,1$ g/kg	16 »	18	53	6,8	
6 »	15,5	93	10,2		18 »	15	65	6,9	
8 »	20,5	65	9,9		20 »	13,5	76	7,3	
10 »	25,5	44	9,1		22 »	11	82	6,7	
12 »	28	41	9,8	$\varDelta x = 2,9$ g/kg	24 »	11	82	6,7	
14 »	29	37	9,5		5. Jan. 38 s. Abb. 27				
16 »	29	38	9,7		0 »	—3	84	2,5	
18 »	29	39	10,0		2 »	—4	90	2,4	
20 »	26,5	50	11,0		4 »	—6	90	2,0	$x_{max} = 2,6$ g/kg
22 »	23	65	11,5		6 »	—7	89	1,9	$x_{min} = 1,1$ g/kg
24 »	21	72	11,2		8 »	—8	88	1,7	
22. Okt. 37 s. Abb. 26					10 »	—8,5	85	1,6	
					12 »	—6	60	1,4	
0 »	8	92	6,1		14 »	—4	40	1,1	$\varDelta x = 1,5$ g/kg
2 »	5	98	5,3		16 »	—3	44	1,3	
4 »	4	97	4,9	$x_{max} = 7,3$ g/kg	18 »	—4	57	1,5	
6 »	3	97	4,6	$x_{min} = 4,6$ g/kg	20 »	—4,5	81	2,1	
8 »	4	95	4,8		22 »	—4	90	2,4	
10 »	8	75	5,0		24 »	—3,5	91	2,6	

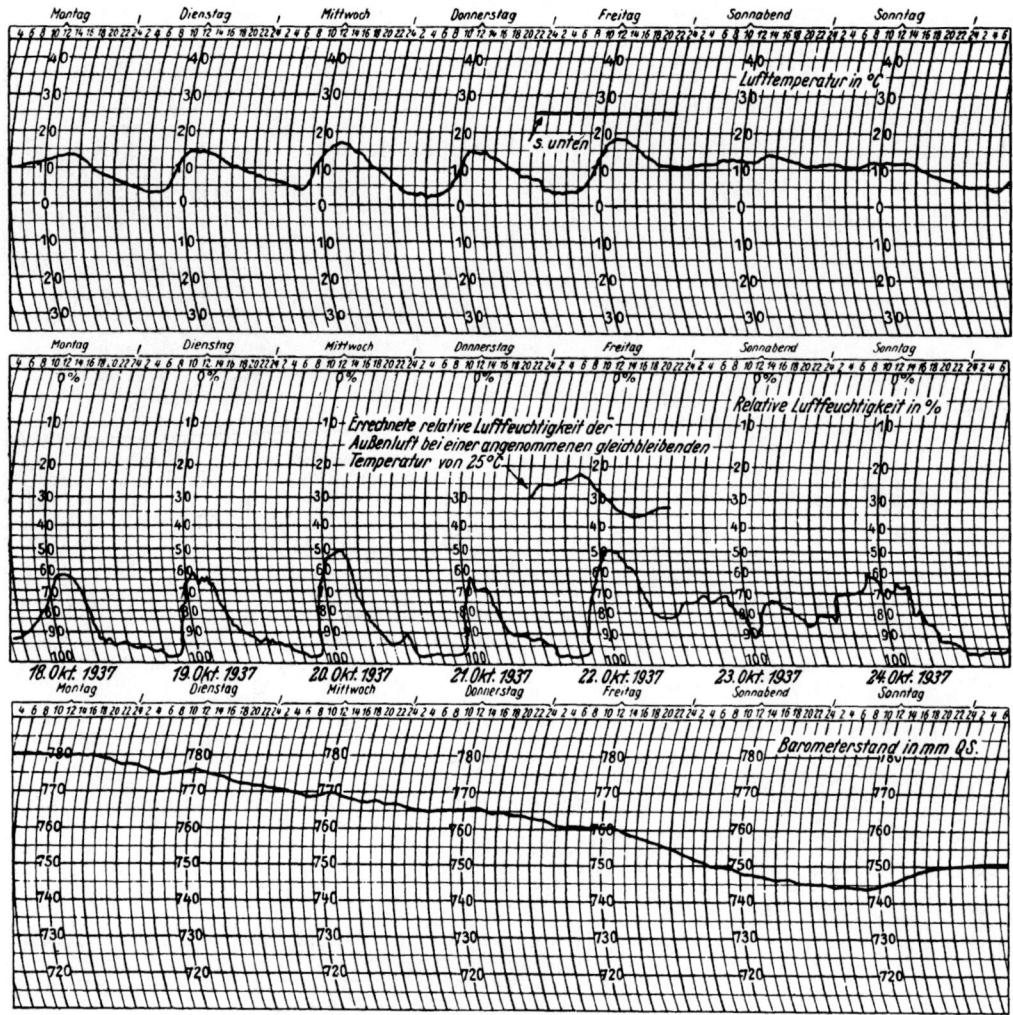

Bild 26. Verlauf des Luftzustandes der Außenluft während einer Herbstwoche.

Die Zahlen der Zahlentafel 7 zeigen, daß der Wasserdampfgehalt der Luft in verschiedenen Jahreszeiten zwar sehr unterschiedliche Werte hat; aber in ihrem Wechsel von Tag zu Tag sind diese Unterschiede so klein, wie die in weiten Grenzen schwankenden entsprechenden relativen Feuchtigkeitswerte es kaum erwarten lassen. Es sei nebenbei bemerkt, daß diese täglichen Δx-Werte an Tagen mit starken atmosphärischen Störungen größer sein können.

Wenn hier auf die absolute Luftfeuchtigkeit eingegangen wird, während fast allein die relative Luftfeuchtigkeit entscheidenden Einfluß auf Textilien und deren Verarbeitung hat (14), dann hat das folgenden Grund:

Alle Räume unterliegen einem natürlichen oder künstlichen Luftwechsel. Dabei ist die Außenluft als Träger und Zubringer einer bestimmten absoluten Feuchtigkeit für die Raumluft anzusehen. Die jeweiligen relativen Feuchtigkeitswerte ergeben sich theoretisch aus gesetzmäßigen Beziehungen bei Berücksichtigung der Temperaturen der Luft, wie es an einigen Beispielen auch gezeigt wurde.

2. Abhängigkeit des Raumluftzustandes vom Zustande der Außenluft bei Berücksichtigung der Bauweise der Fabrikräume.

Der Raumluftzustand steht in Beziehung zum jeweiligen Zustand der Außenluft. Aber die Raumluft ist nicht in dem Maße von der Außenluft abhängig und wird nicht so sehr von den Schwankungen des Außenluftzustandes beeinflußt, wie es allgemein immer angenommen wird.

Über das wirkliche Verhalten der Raumluft in Arbeitssälen der Textilindustrie in ihrer Abhängigkeit von dem Zustand der Außenluft sollen folgende Untersuchungen einen Überblick geben. Um hierbei nicht durch fremde Einflüsse ein unklares Bild zu erhalten, beziehen sich diese Untersuchungen nur auf solche Zeiten, in denen der Betrieb ruhte und die Räume weder künstlich belüftet noch beheizt wurden. Eine besondere Berücksichtigung findet auch die Bauweise der Fabrikräume bei diesen Untersuchungen. Es werden deshalb Messungen in Hoch- und Shedbauten vorgenommen.

In Bild 28 ist dem Verlauf des Zustandes der Außenluft ein Meßstreifen gegenübergestellt, der den Zustand von Temperatur und Feuchtigkeit in einem Ringspinnsaal während einer Betriebspause über mehr als zwei Tagen zeigt. Der Arbeitssaal liegt im zweiten Obergeschoß (höchstes Stockwerk), dessen Decke aus Eisenbeton besteht und mit Pappe abgedeckt und mit einer Erdschicht überschüttet ist.

Die Arbeitsmaschinen und auch die künstliche Raumluftbefeuchtungsanlage dieses Saales werden am Versuchs-Tage, am 3. September, gegen 17 Uhr, stillgesetzt. Von diesem Zeitpunkte an streben die Raumluftkurven zunächst einem Beharrungszustand zu, die Feuchtigkeitskurve sehr schnell, die Temperaturkurve langsamer. Entsprechend dem Wechsel des täglichen Außenluftzustandes zeigen weiterhin die Raumluftkurven zwar Wendepunkte, der Rhythmus ist aber außerordentlich gering.

Bemerkenswert ist, daß die Phasen der Raumluftkurven denen der Außenluft nacheilen. Eine Erklärung für diesen Vorgang läßt sich aus den Zustandskurven des 4. September finden. An diesem Tage erreicht die Außenlufttemperatur um 16 Uhr einen Höchstwert von 21,5° C. Auch die Raum-

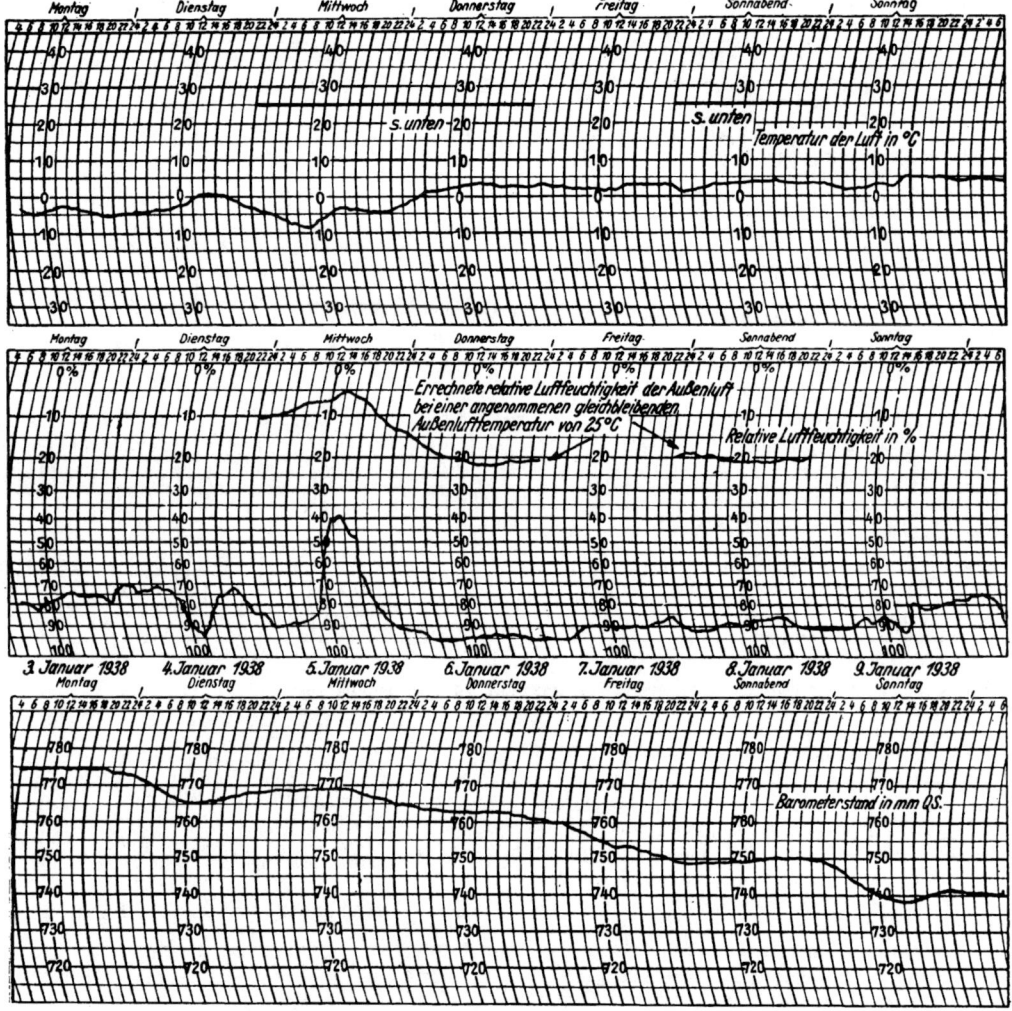

Bild 27. Verlauf des Luftzustandes der Außenluft während einer Winterwoche.

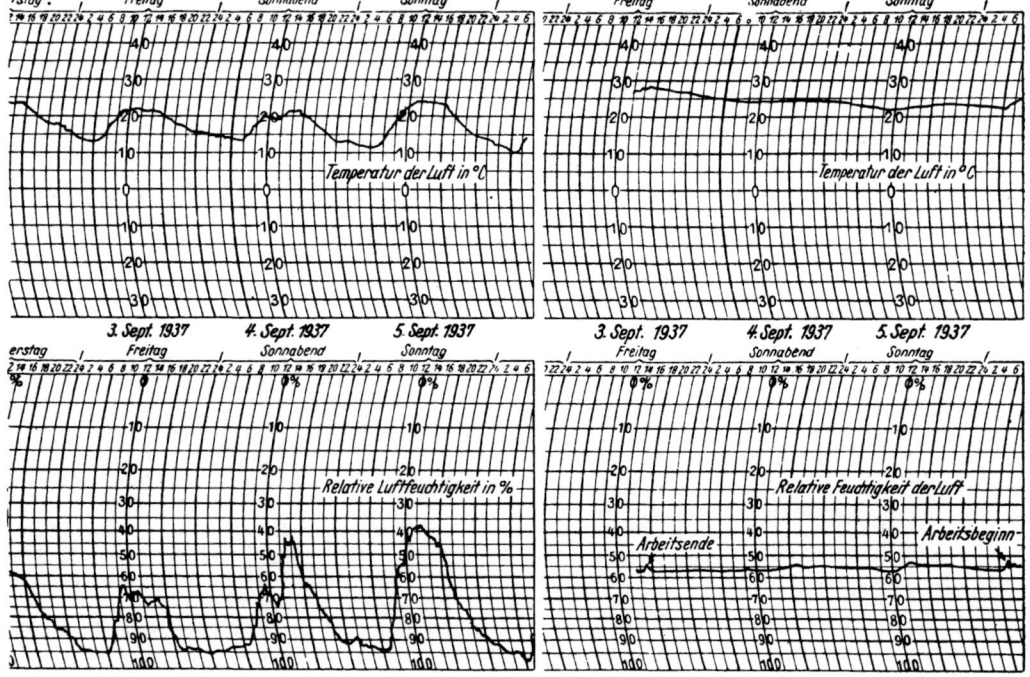

Bild 28 a.
Zustandsverlauf der Außenluft.

Bild 28 b. Zustandsverlauf der Raumluft bei Betriebsstillstand. Ringspinnsaal, Werk I, Hochbau.

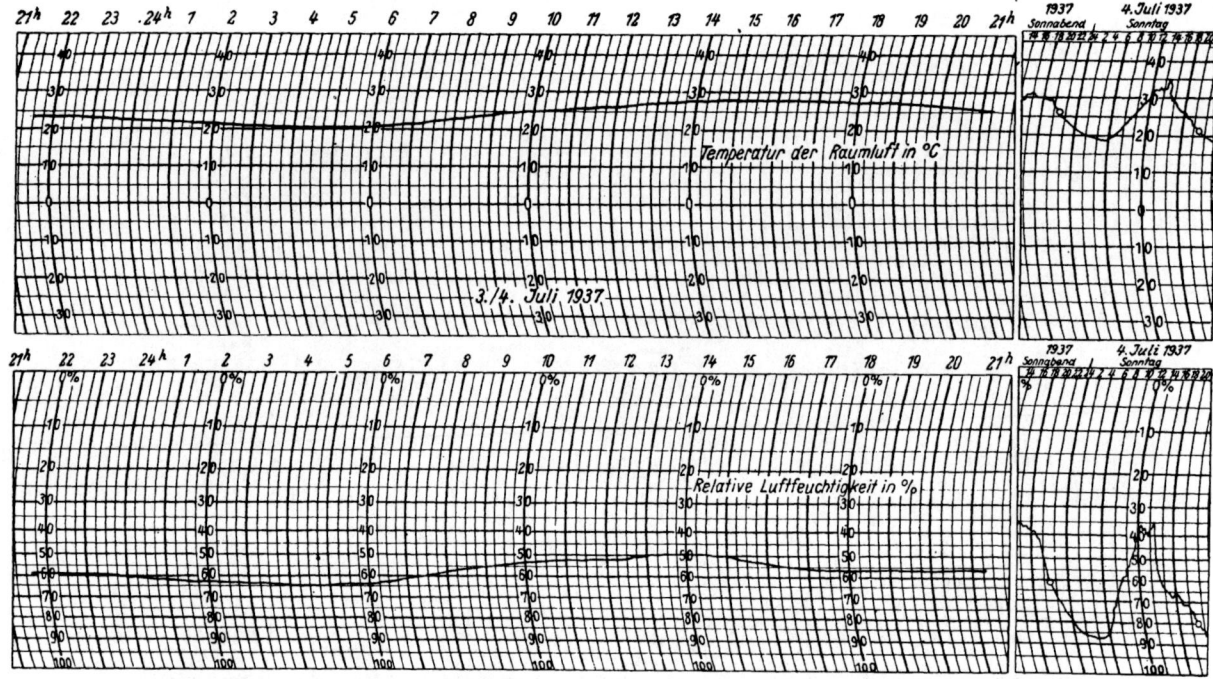

Bild 29 a. Zur Untersuchung des Einflusses der Außenluft auf den Raumluftzustand.
Zustandsverlauf der Raumluft bei Betriebsstillstand. Weberei-Neubau. (Shedbau.)

Bild 29 b. Zustands-
verlauf der Außenluft.

lufttemperatur zeigt an diesem Tage eine steigende Tendenz, obwohl ihr Kleinstwert mit 24° C über dem Höchstwert der Außenluft von 21,5° C liegt. Der höchste Temperaturwert der Raumluft stellt sich etwa fünf Stunden später als der der Außenluft ein. Der Wechsel im Zustande der Raumluft ist also nicht auf direkten Einfluß der Außenluft zurückzuführen, sondern kann nur von der Sonneneinstrahlung durch Dach und Wände herrühren. Würde man diesen Einfluß noch ausschalten können, dann würden die an sich schon jetzt sehr flach verlaufenden Zustandskurven der Raumluft kaum einen merkbaren Einfluß der Außenluft von Tag zu Tag zeigen.

Ein anderes Bild geben die Untersuchungen nach Bild 29 in einem Weberei-Shedbau, dessen Dach aus doppelter Holzverschalung besteht und mit Pappe eingedeckt ist. Die Verglasung ist einfach. Der Webereibetrieb in diesem Saale ruhte bei Vornahme der Luftmessungen bereits eine Woche, weil Werksferien waren. Die Raumluft stand also schon lange Zeit nur unter Einwirkung der Außenluft. Die Raumluftwerte folgen hier den Außenluftwerten angeglichener, sowohl zeitlich als auch in ihren höchsten und niedrigsten täglichen Zuständen, als dies bei dem Bau nach Bild 28 der Fall war. Der Grund hierfür liegt einmal in der leichteren Bauweise des Shedbaues gegenüber dem Hochbau, zum anderen aber auch in der sehr hohen Temperatur der Außenluft am 4. Juli 1937. Aber immerhin schwankt der Außenluftzustand noch in viel weiteren Grenzen als der Raumluftzustand im Verlauf des einen Tages. Insbesondere zeigt die relative Luftfeuchtigkeit bei weitem nicht den Unterschied in ihrem Tagesverlauf im Raum wie draußen. In der Zahlentafel 8 sind die Außenluftwerte den Raumluftwerten dieser Untersuchung gegenübergestellt.

Der Anstieg der Raumlufttemperatur ist auch in diesem Falle wie bei der Untersuchung nach Bild 28 in erster Linie auf die Sonneneinstrahlung zurückzuführen. Die Raumluftfeuchtigkeit ist eine Funktion der Raumlufttemperatur. Bei den Schwankungen der relativen Luftfeuchtigkeit im Websaal wird jedoch noch ein zusätzlicher Faktor zu berücksichtigen sein.

Wenn man nämlich die Kurven von Bild 29 a im Ix-Diagramm (Bild 10) verfolgt, dann ist festzustellen, daß der Luftzustand sich nicht auf einer Geraden $x = $ konst. bewegt. Der absolute Feuchtigkeitsgehalt der Luft ist also

Zahlentafel 8.

Zeit und Stunde der Messung s. Bild 29	Außenluft		Raumluft		Höchste und niedrigste Temperatur- und Feuchtigkeitswerte der Raum- und Außenluft und deren Unterschiede
	Temperatur t_A °C	Relative Luftfeuchtigkeit φ_A %	Temperatur t_R °C	Relative Luftfeuchtigkeit φ_R %	
1	2	3	4	5	6
3./4. Juli 1937					
22 Uhr	24	68	23,5	60	$t_{A\max} = 35$ °C
24 »	22	79	22,5	61	$t_{A\min} = 18,5$ °C
2 »	20	87	21,5	63	$\varphi_{A\max} = 88$ %
4 »	19	88	20,5	65	$\varphi_{A\min} = 35$ %
6 »	18,5	86	20,5	64	
8 »	22	68	23	58	$t_{R\max} = 28$ °C
10 »	26	55	25	54	$t_{R\min} = 20,5$ °C
12 »	30	41	26	52	$\varphi_{R\max} = 65$ %
14 »	32	39	28	50	$\varphi_{R\min} = 50$ %
15 »	35	35	28	51	
16 »	29,5	63	28	54	$\Delta t_A = 16,5$ °C!
18 »	26,5	67	27,5	56	$\Delta t_R = 7,5$ °C!
20 »	22,5	72	26	57	$\Delta \varphi_A = 53$ %!
21 »	21,5	80	25	57	$\Delta \varphi_R = 15$ %!

auch Schwankungen unterworfen. Das ist darauf zurückzuführen, daß bei wechselnder relativer Luftfeuchtigkeit zwischen der Luft und den im Raume vorhandenen Gegenständen, insbesondere also den Textilien, ein Feuchtigkeitsaustausch vor sich geht. Darin ist der erwähnte zusätzliche Faktor zu erblicken. Diese Zusammenhänge sollen später noch weiter untersucht werden.

Als Abweichung von den bisherigen Ergebnissen kann ein nicht alltäglicher Einfluß der Außenluft auf den Raumluftzustand in zwei verschiedenen Arbeitsräumen nach Bild 30 und 31 am 8. August 1937 durch Messungen festgestellt werden. Die untersuchten Spinnsäle liegen beide in einem Hochbau.

Das hochsommerliche Wetter an den in den Meßstreifen verzeichneten Tagen übt auf die Raumluft allgemein einen ähnlichen Einfluß aus, wie es schon in Bild 28 gezeigt und auch näher erläutert wurde. Am 8. August aber weisen die

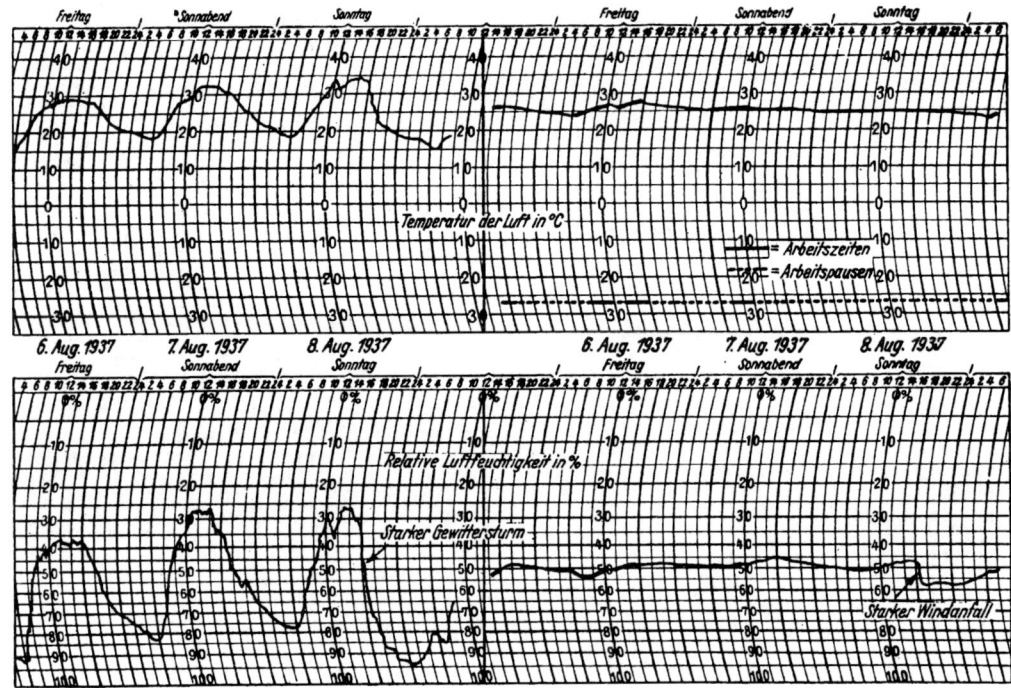

Bild 30 a.
Zustandsverlauf der Außenluft.

Bild 30 b. Zustandsverlauf der Raumluft.
Flyersaal. Werk I. Hochbau.

Kurven der relativen Luftfeuchtigkeit der Raumluft nachmittags eine starke Abweichung vom sonst üblichen Verlauf auf. Zu dieser Zeit setzte ein außerordentlich heftiger Gewittersturm ein. Der relative Feuchtigkeitsgehalt der Außenluft sank nach Bild 30a innerhalb einer Stunde um mehr als 40 relative Feuchtigkeitsprozente. Durch den starken Windanfall gelangte die Außenluft durch Fensterritzen und andere Öffnungen in die Arbeitsräume und beeinflußte dort den Luftzustand. In Bild 30b hat das eine Zunahme der relativen Feuchtigkeit von ∼10 relativen Feuchtigkeitsprozenten und in Bild 31 sogar eine Zunahme von 20% zur Folge.

Diese plötzliche Feuchtigkeitszunahme ist auf kurz-

zeitigen aber starken natürlichen Luftwechsel in den Arbeitssälen zurückzuführen.

Beachtenswert bei dieser Untersuchung ist noch, daß die Temperaturkurve der Raumluft bei diesem Wetterumschlag nicht beeinflußt wurde. Doch diese Tatsache ist verständlich, weil die Temperatur der Außenluft (Bild 30a) einmal einen verhältnismäßig hohen Wert hatte und zum anderen das Absinken im Vergleich zum relativen Feuchtigkeitsverlauf langsam erfolgte.

In diesem Zusammenhang sei als Ergänzung noch auf die Zahlenwerte hingewiesen, die Rybka (15) über den Lufteinfall durch Fensterspalte bei verschiedenen Windgeschwindigkeiten gibt.

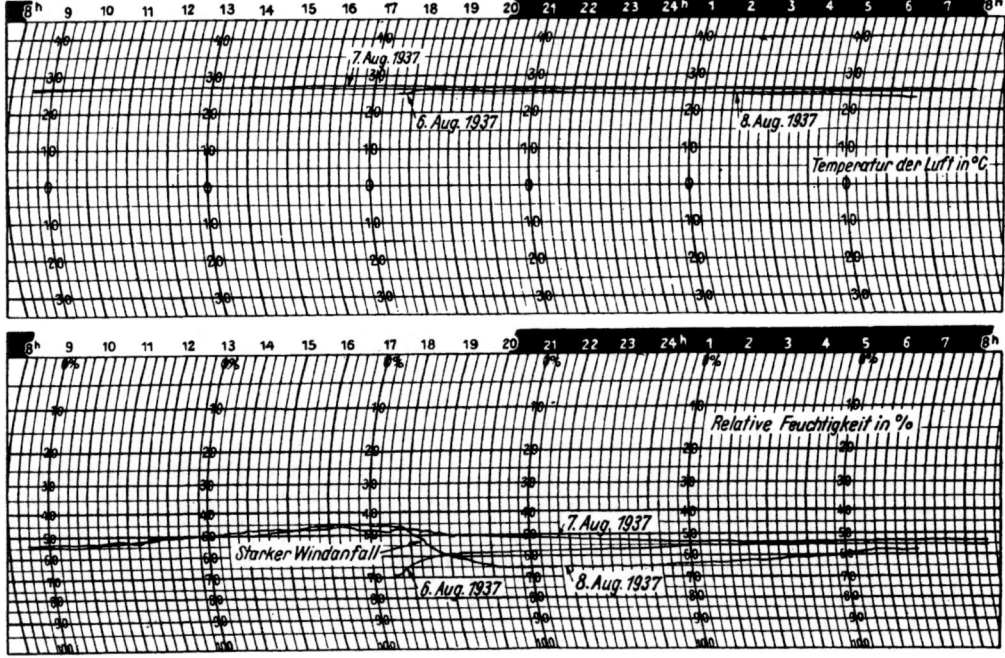

Bild 31. Zustandsverlauf der Raumluft während einer zweitägigen Arbeitspause zwischen Betriebsschluß und Anfang.
Ringspinnsaal, Werk IV, Hochbau. (S. hierzu Bild 30 a.)

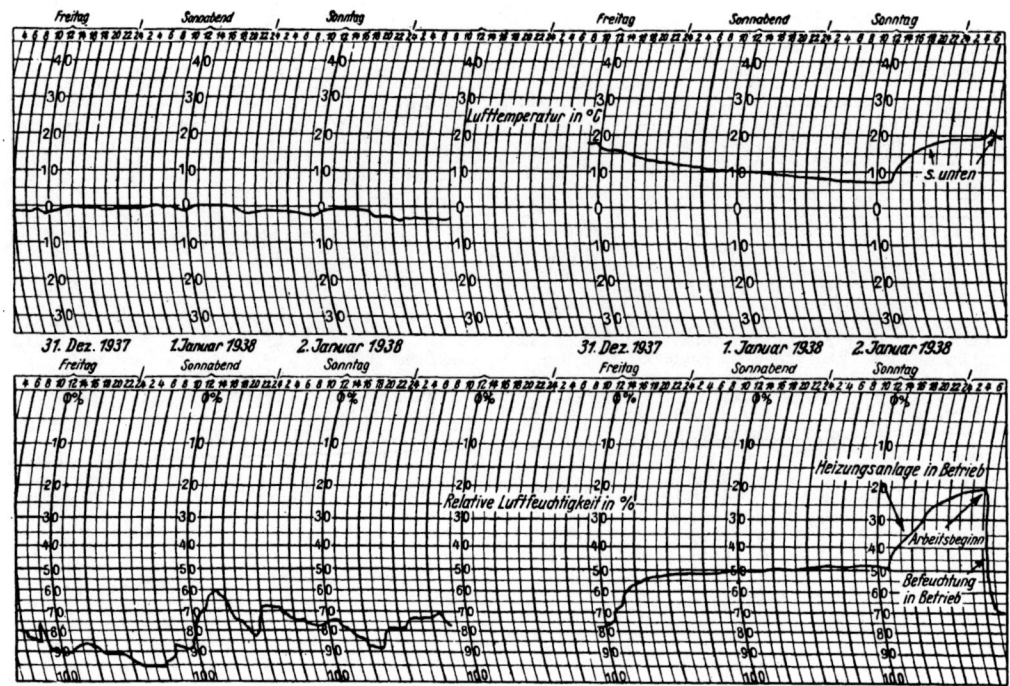

Bild 32 a.
Zustandsverlauf der Außenluft.

Bild 32 b. Zustandsverlauf der Raumluft bei Betriebsstillstand. Spulerei, Werk I, Shedbau.

3. Speicherung von Wärme und Feuchtigkeit in den Arbeits-sälen des Textilbetriebes.

Es wurde schon darauf hingewiesen, daß zwischen Raumluft und den im Raume befindlichen Textilien mit einem gegenseitigen Feuchtigkeitsaustausch zu rechnen ist. Das wird durch Messungen in verschiedenen Arbeitssälen bestätigt.

Die darüber in Bild 32 bis 34 wiedergegebenen Ergebnisse wurden durch Untersuchungen im Winter gewonnen. Deshalb darf hier die Wirkung der Sonnenstrahlung als ein die Raumluft beeinflussender meßbarer Faktor unberücksichtigt bleiben. Die Messungen wurden in drei verschiedenen Räumen (Hoch- und Shedbau) zwischen Betriebsschluß

und Arbeitsbeginn durchgeführt. Während dieser Zwischenzeit, die sich auf mehr als zwei Wintertage mit einem Zustandsverlauf der Außenluft nach Bild 32 a erstreckte, erfährt die Raumluft eine Abkühlung durch Übergang der Wärme nach außen.

Bild 32 b zeigt zunächst diesen Vorgang im Shedbau in einer Spulerei. Der erste Teil der Kurven dieses Meßstreifens gibt noch Aufschluß über den Einfluß der Raumluftbefeuchtungsanlage während einer kurzen Zeit vor Betriebsschluß. Mit Eintritt der Arbeitspause sank die Raumlufttemperatur stetig, zunächst schneller, dann langsamer, entsprechend dem Temperaturunterschied zwischen Raum- und Außenluft. Die relative Feuchtigkeit dagegen erreichte innerhalb

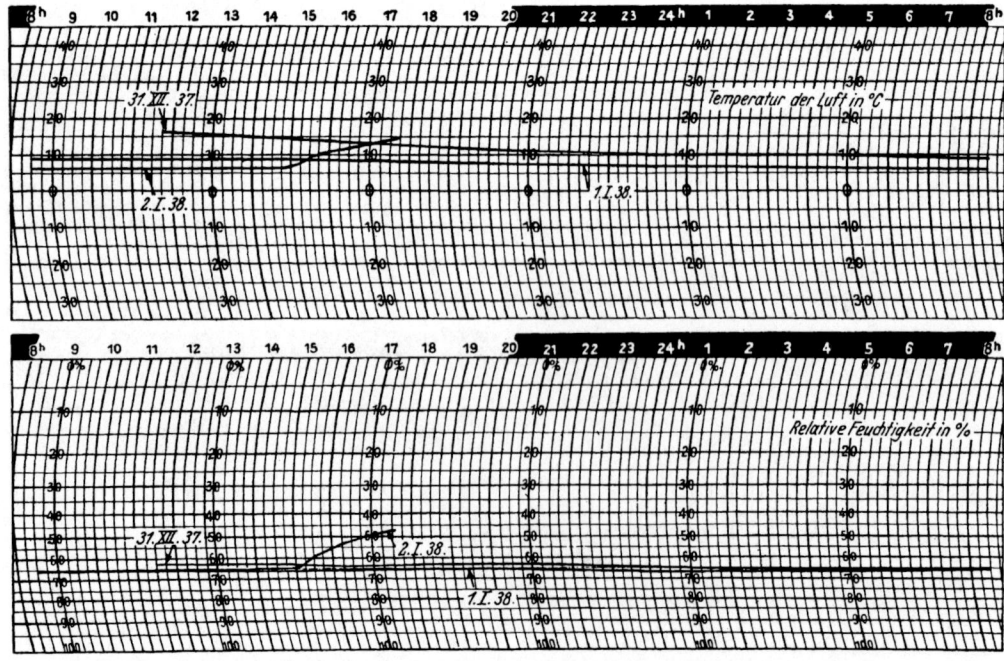

Bild 33. Zustandsverlauf der Raumluft bei Betriebsstillstand mit nachfolgender Anheizperiode.
Weberei, Werk I, Shedbau. (S. hierzu Bild 32 a.)

eines Tages einen Beharrungszustand und behielt dann praktisch einen konstanten Wert von 50% auch bei gleichzeitig stark wechselnden Werten in der relativen Feuchtigkeit der Außenluft. Da die Raumtemperatur ständig abnahm und die relative Feuchtigkeit konstant blieb, wird der Wert der absoluten Feuchtigkeit fortlaufend kleiner. Während der gesamten Abkühlungszeit sank die Temperatur von 18⁰ C auf 7⁰ C, dabei ändert sich der absolute Feuchtigkeitsgehalt von ∼10 g/kg auf ∼3 g/kg. Zufälligerweise schwankte nun der Feuchtigkeitsgehalt der Außenluft während der Versuchsdauer ebenfalls um einen mittleren Wert von 3 g/kg. Daraus könnte man folgern, daß durch natürlichen Luftwechsel Außenluft in die Spulerei gelangt sei, die sich durch die im Raume vorhandenen Maschinenteile, Textilien u. a. m. erwärmte und dadurch auf gesetzmäßige Weise eine relative Luftfeuchtigkeit von 50% entstehen ließ.

Ein solcher Einfluß des natürlichen Luftwechsels ist aber kaum anzunehmen, denn wenn das so wäre, dann könnte die Kurve der relativen Raumluftfeuchtigkeit nicht so stetig

bei diesem Vorgang mit großer Geschwindigkeit von Spulen abgezogen und gleichzeitig wieder aufgewickelt, d. h. es gelangt in der Zeiteinheit eine große Menge Garn mit der entsprechend großen Gesamtoberfläche in einem zu anderen Arbeitssälen im Textilbetrieb verhältnismäßig sehr kleinen Raum mit der Luft der Spulerei in Berührung. Bei der vorangegangenen Verarbeitung in den Spinnsälen war das Garn einer Luft mit einer relativen Feuchtigkeit von etwa 50% lange Zeit ausgesetzt, wobei sich zwischen dem Feuchtigkeitsgehalt des Garnes und der relativen Feuchtigkeit der Luft ein Gleichgewichtszustand entwickeln konnte. In der Spulerei dagegen findet dieses Garn anschließend nicht die Zeit, sich mit dem höheren relativen Feuchtigkeitsgehalt der Spulereiraumluft während des Arbeitsvorganges auszugleichen. Sobald aber der Betrieb stillgesetzt wird, haben die in großer Menge im Raume verbleibenden feuchtigkeitsbegierigen Textilien Gelegenheit, der Raumluft bis zum gegenseitigen Ausgleich Feuchtigkeit zu entziehen. Dieser Vorgang kann auch in anderen Jahreszeiten beobachtet werden. Soweit die Untersuchung in der Spulerei.

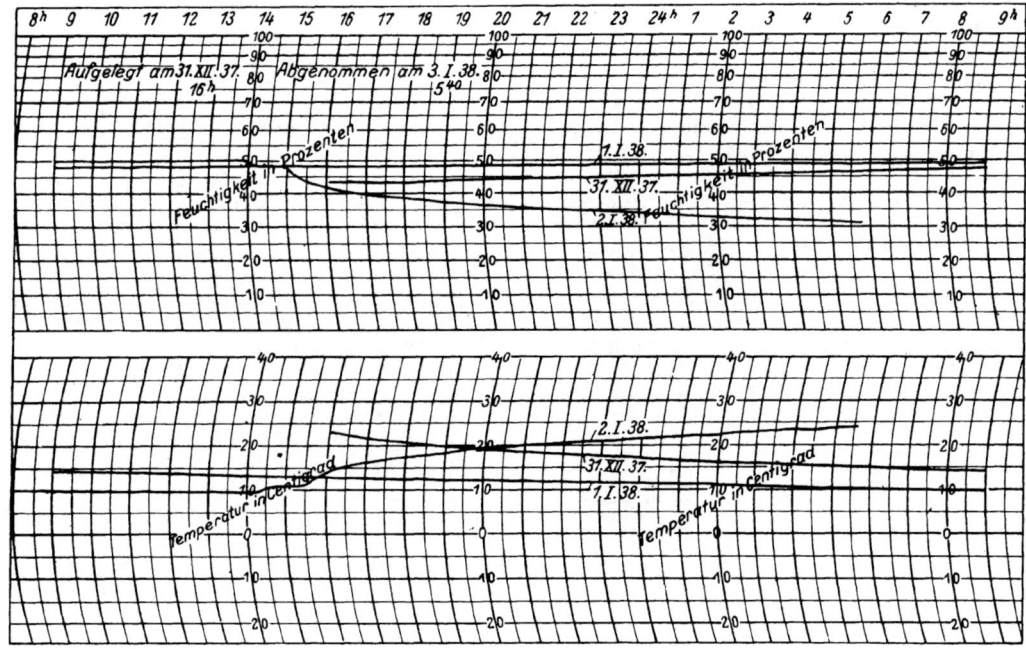

Bild 34. Zustandsverlauf der Raumluft bei Betriebsstillstand mit nachfolgender Anheizperiode. Ringspinnsaal, Altbau, Werk I, Hochbau. (S. hierzu Bild 32 a.)

und gleichmäßig verlaufen, sondern sie müßte in etwa auch die Schwankungen der entsprechenden Außenluftkurve zeigen. Weiter spricht gegen diese Annahme auch der in Bild 33 zu gleicher Zeit aufgezeichnete entsprechende Vorgang in einer Weberei, ebenfalls einem Shedbau. Hier beginnt die Aufzeichnung der Kurven etwa eine halbe Stunde nach Stillsetzung der Webstühle und der künstlichen Befeuchtungsanlage. Der Temperaturverlauf der Raumluft ist fast genau so wie in der Spulerei nach Bild 32b. Die relative Feuchtigkeit dagegen nimmt in Bild 33 zunächst noch zu, um dann während 1½ Tage einen fast konstanten Wert zu behalten, der mit 65% um etwa 15 relative Feuchtigkeitsprozente höher liegt als in der Spulerei (Bild 32b). Der kleinste Wert des absoluten Feuchtigkeit der Webereiluft beträgt etwa 4 g/kg und ist größer als der entsprechende Durchschnittswert der Außenluft.

Auf unmittelbaren Einfluß der Außenluft ist also dieses Verhalten der relativen Feuchtigkeit im Raum nicht zurückzuführen; es ist aber durch eine textiltechnisch bedingte Abwicklung der Arbeitsvorgänge in den zur Untersuchung herangezogenen Räumen zu erklären:

In der Spulerei wird das in den Spinnereien gesponnene Garn auf Spulmaschinen und Schärrahmen verarbeitet und

Ganz anders liegen die Verhältnisse in der Weberei (Bild 33) Hier, wo der relative Luftfeuchtigkeitsgehalt durch künstliche Raumluftbefeuchtung in den Grenzen zwischen 60% und 80% gehalten werden soll, läßt die Eigenart des Webvorganges einen sehr viel besseren Ausgleich zwischen relativer Luftfeuchtigkeit und Feuchtigkeit der Textilien schon während der Verarbeitung zu. Die Garne und auch die daraus entstehenden Gewebe durchlaufen den Arbeitsprozeß verhältnismäßig langsam und können deshalb auch mehr Feuchtigkeit aufnehmen als die in der Spulerei verarbeiteten Garne. Darauf ist auch das Verhalten der relativen Luftfeuchtigkeit in der Weberei in der Arbeitspause zurückzuführen. Die Textilien in der Weberei haben sich vor der Arbeitspause schon so weit mit Feuchtigkeit gesättigt, wie es einer relativen Luftfeuchtigkeit von etwa 65% entspricht. (Über die Beziehungen zwischen relativer Luftfeuchtigkeit und Garnfeuchtigkeit bringt das Schrifttum Angaben und Versuchswerte (16). Auf diese Feuchtigkeitsspeicherung der Textilien in der Weberei ist es zurückzuführen, daß der relative Feuchtigkeitsgehalt der Raumluft in der Arbeitspause nicht kleiner wird, wie es in der Spulerei der Fall ist, sondern annähernd einen konstanten Wert von 65% beibehält.

Gerade das unterschiedliche Verhalten der relativen Feuchtigkeit in den beiden untersuchten Räumen nach Bild 32b und 33 mit gleicher Bauweise und bei ein und demselben Außenluftzustand berechtigen zu den vorstehenden Ausführungen, nämlich, daß zwischen Raumluft und Textilien ein gegenseitiger Feuchtigkeitsaustausch stattfindet. Dabei soll jedoch nicht verkannt werden, daß die besprochenen Vorgänge nicht ausschließlich das Verhalten der relativen Raumluftfeuchtigkeit bestimmen. Ganz klare Linien lassen sich hier nicht ziehen; es muß zweifellos der Außenluftzustand als mitbestimmender Faktor mit in Betracht gezogen werden.

Auf dieselbe Zeit wie die vorigen Untersuchungen beziehen sich auch die Messungen nach Bild 34 in einem Ringspinnsaal im obersten Geschoß eines Hochbaues. Der Temperaturverlauf zeigt eine ähnliche Charakteristik wie vorher. Die Kurve der relativen Feuchtigkeit strebt einem Beharrungszustand entgegen. Die Befeuchtungsanlage wurde kurze Zeit vor Betriebsschluß abgestellt, so daß die relative Feuchtigkeit der Raumluft unter den normalerweise in diesem Arbeitssaal innegehaltenen Wert von 50/55% sinken konnte (ein Vorgang, den der Meßstreifen allerdings nicht mehr zeigt). Diesem Umstande ist es besonders zuzuschreiben, daß bei Stillsetzung des Betriebes am 31. 12. 1937 um 16 Uhr die relative Feuchtigkeit ansteigt. Allgemein unterscheidet sich dieses im Hochbau entstandene Schaubild nicht wesentlich von dem entsprechenden Bild über den Zustandsverlauf der Raumluft im Shedbau.

Einen sehr guten Aufschluß über das Verhalten des Raumluftzustandes im Arbeitssaal eines Textilbetriebes geben uns auch die Messungen, die in Bild 30 aufgezeichnet sind. In diesem Meßstreifen haben wir früher schon denjenigen Aufzeichnungen eine besondere Beachtung geschenkt, die während eines außerordentlich starken Gewittersturmes entstanden sind. Eine Gegenüberstellung der Außen- und Raumluftkurven gerade dieses Tages soll hier noch weiter untersucht werden.

Die Zahlentafel 9 enthält die Zahlenwerte dieser Untersuchung.

Zahlentafel 9.

Zeit und Stunde der Messung s. Bild 30	Außenluft		Raumluft	
	Temperatur t_A °C	Relative Luftfeuchtigkeit φ_A %	Temperatur t_R °C	Relative Luftfeuchtigkeit φ_R %
1	2	3	4	5
8. August 1937				
6 Uhr	19	78	25	50
8 »	21,5	65	25	51
10 »	28	47	25	51
12 »	33	31	25	50
14 »	33	32	25	48
16 »	34,5	27	25	47
18 »	32	40	25	48
20 »	25	85	25	58
22 »	21	92	25	57
24 »	19,5	94	24,5	58
9. August 1937				
2 Uhr	18	92	24	57
4 »	18	87	24	55
6 »	16,5	84	23,5	52

Das plötzliche Abfallen der relativen Raumluftfeuchtigkeit während des Gewittersturmes wurde früher schon durch den kurzzeitigen starken Luftwechsel erklärt. Dieser Feuchtigkeitseinfall wird sich jedoch nur auf die Raumluft ausgewirkt haben, während die in den Räumen vorhandenen Textilien u. a. in ihrem Feuchtigkeitsgehalt keine oder eine nur sehr geringe Zunahme haben erfahren können. Die Werte der Raumluftfeuchtigkeit klären diesen Vorgang ganz eindeutig.

Die relative Raumluftfeuchtigkeit strebt, nachdem der Sturm sich gelegt hat, wieder ihrem ursprünglichen Werte zu. Obwohl zur gleichen Zeit die Außenluft einen hohen und noch zunehmenden relativen Feuchtigkeitsgehalt hat,

wird der relative Feuchtigkeitsgehalt der Raumluft kleiner. Dieser Vorgang ist deshalb noch besonders beachtenswert, weil er sich bei abnehmender Raumlufttemperatur vollzieht. Denn gesetzmäßigerweise muß bei sinkender Lufttemperatur die relative Luftfeuchtigkeit zunehmen.

Wir haben in diesem Beispiel eine ausgezeichnete Bestätigung unserer früheren Untersuchungen über den Feuchtigkeitsaustausch zwischen Raumluft und Textilien.

Die der Raumluft während des Gewittersturmes zugeführte Feuchtigkeitsmenge wird ihr zum größten Teil allmählich von den im Raume lagernden Faserstoffen wieder entzogen. Dieser Vorgang wird durch folgende Überlegungen leicht verständlich:

1. Der Feuchtigkeitsgehalt von Faserstoffen ist abhängig von der relativen Luftfeuchtigkeit. Bild 35 zeigt diese Beziehung für Baumwolle und Kunstseide nach Versuchswerten von Obermiller (17). Die Werte für Kunstseide sind deshalb mit angegeben, weil die in den untersuchten Textilbetrieben verarbeitete Zellwolle ein ähnliches Verhalten gegenüber Luftfeuchtigkeit zeigt. Beide Faserstoffe, Zellwolle und Kunstseide, haben ein und denselben Ursprung.

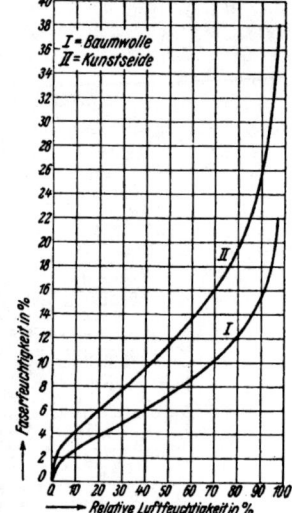

Bild 35.
Feuchtigkeitsgehalt der Fasern bei 20° C nach Obermiller.

2. In dem untersuchten Arbeitssaal sind soviel Faserstoffe, Baumwolle und Zellwolle je zur Hälfte, vorhanden, daß umgerechnet auf 1 m³ Rauminhalt gut 1 kg Faserstoffe kommen oder, wenn man das spezifische Volumen der Raumluft berücksichtigt, auf 1 kg Raumluft etwa 1 kg Faserstoffe.

3. Aus Bild 30b und Zahlentafel 9 ersehen wir, daß nach dem Gewittersturm die Raumluftwerte innerhalb zehn Stunden sich von $t_R = 25°$ C, $\varphi_R = 58\%$ auf $t_R = 23,5°$ C, $\varphi_R = 52\%$ ändern. Das bedeutet eine Abnahme der absoluten Luftfeuchtigkeit von 11,6 g/kg auf 9,6 g/kg; also eine Verminderung von 2 g Wasserdampf in 1 kg Raumluft (s. hierzu Ix-Diagramm Bild 10).

4. Dieser Rechnung wollen wir jetzt Bild 35 gegenüberstellen. Aus diesem Schaubild ist zu ermitteln, daß bei einer Steigerung der relativen Luftfeuchtigkeit von 52% auf 58% der Feuchtigkeitsgehalt der Baumwolle um 1% und der Feuchtigkeitsgehalt der Zellwolle um 1,4% zunimmt. Im Durchschnitt müßten also die im Raume vorhandenen Faserstoffe 1,2% an Feuchtigkeit zunehmen; d. h. 1 kg Faserstoffe würden zusätzlich 12 g Wasser aufnehmen, vorausgesetzt, daß die relative Luftfeuchtigkeit konstant bliebe.

5. Diese Zahlen zeigen, daß der Unterschied zwischen Feuchtigkeitskapazität von Raumluft und Faserstoffen, beides bezogen auf die Verhältnisse des untersuchten Arbeitssaales und die dort herrschenden Luftzustände, ganz erheblich ist. Das Verhältnis ist 1 zu 6.

6. Die der Raumluft durch den Gewittersturm nur für kurze Zeit zugeführte Feuchtigkeitsmenge ist zu dem Wasseraufnahmevermögen der Faserstoffe verhältnismäßig sehr gering. Deshalb ist der Kurvenverlauf der relativen Raumluftfeuchtigkeit in Bild 30b durchaus verständlich.

Wir haben vorhin einen Vorgang über Feuchtigkeitsaustausch zwischen Raumluft und Faserstoffen kennengelernt, bei dem die Luft einen Teil ihres Wasserdampfes abgibt. Ebenfalls ist aber auch ein umgekehrter Prozeß möglich, der dann eintreten kann, wenn während der Betriebszeit durch ungenügende Raumluftbefeuchtung die Luft im Vergleich zu den verarbeiteten Faserstoffen zu trocken wird oder auch, wenn im Winter während der Betriebspause die Raumheizungsanlage arbeitet.

Über den zuletzt angeführten Fall soll hier eine zahlenmäßige Untersuchung nach den in Bild 34 aufgezeichneten Luftmessungen folgen. Der Arbeitsraum, in dem diese Messungen gemacht werden, wird durch Luftheizapparate im Raumluftumwälzverfahren geheizt. Die Raumtemperatur steigt während des Heizens von 9° C auf 24° C, die relative Luftfeuchtigkeit sinkt während derselben Zeit von 50% auf 32%. Die Zahlenwerte in Zahlentafel 10 zeigen den Verlauf des Raumluftzustandes während der Heizzeit.

Zahlentafel 10.

Zeit und Stunde der Messung s. Abb. 34	Raumlufttemperatur t_R °C	Relative Raumluftfeuchtigkeit φ_R %	Absolute Feuchtigkeit der Raumluft x_R g/kg
1	2	3	4
2. Januar 1938 14 Uhr	9	50	3,6
17 »	16	40	4,6
20 »	19,5	37	5,3
23 »	21	35	5,5
3. Januar 1938 2 »	22,5	35	5,7
5 »	24	32	6,0

Die absolute Luftfeuchtigkeit nimmt während der ganzen Heizzeit stetig zu. Die Werte in Spalte 4 der Zahlentafel 10 lassen dies eindeutig erkennen. Zwischen Raumluft und Faserstoffen vollzieht sich auch hier ein Feuchtigkeitsausgleich, der in diesem Falle in der Abgabe von Feuchtigkeit der Textilien an die Raumluft stattfindet.

In das Gebiet der Speicherung von Wärme und Feuchtigkeit in den Arbeitssälen des Textilbetriebes gehört noch folgende Untersuchung, die besonders für den Spinnereibetrieb von außerordentlicher Bedeutung ist.

Man hört immer wieder Klagen darüber, daß oft am Wochenanfang in den ersten Arbeitsstunden die Spinnmaschinen schlecht laufen. Insbesondere ist dies in den kalten Jahreszeiten der Fall. Die Produktion leidet sehr darunter.

Dieser Vorgang wirkt sich so aus, daß das in den Spinnprozeß eingeführte Vorgarn sich um die den Garnverzug bewirkenden Zylinder wickelt. Dadurch entstehen Fadenbrüche. Eine Verminderung der Spinnleistung und ein Verlust an Faserstoffen sind die Folge.

In weiten Kreisen von Spinnereifachleuten ist die Ansicht verbreitet, daß dieser Übelstand auf eine zu große relative Luftfeuchtigkeit im Spinnsaal zurückzuführen sei. Man nimmt an, daß durch Abkühlung der Raumluft während einer längeren Betriebspause die relative Luftfeuchtigkeit über das normale Maß hinaus ansteige. Bestärkt wird diese Ansicht offenbar noch durch den Gebrauch von einfachen Psychrometern zur Feuchtigkeitsmessung. Wir haben früher schon gesehen, daß mit diesen Meßgeräten gerade in stillgesetzten Betriebsräumen ein relativer Feuchtigkeitswert ermittelt wird, der bis zu 15 und mehr relativen Feuchtigkeitsprozenten über dem tatsächlich vorhandenen Werte liegen kann. Weiter hält man diese vermeintliche Ursache für das schlechte Laufen deshalb noch für richtig, weil die bezeichneten Fehler im Spinnprozeß auch dann auftreten, wenn die Raumluft durch die Luftbefeuchtungsanlagen tatsächlich auf einen zu hohen Feuchtigkeitsgrad gebracht wird.

Der Versuch, die Anstände bei Betriebsbeginn durch ein vorheriges kurzes Aufheizen der Raumluft zu vermeiden. schlägt oft fehl.

Die Annahme, daß die relative Luftfeuchtigkeit während der Betriebspause übermäßig anwachse, ist falsch. Aus zahlreichen Messungen, deren Ergebnisse wir teilweise früher schon kennenlernten, ist zu ersehen, daß die relative Luft-

feuchtigkeit im Arbeitssaal niemals merklich ansteigt, auch dann nicht, wenn die Raumlufttemperatur wesentlich sinkt und ebenfalls auch dann nicht, wenn die Außenluft für längere Zeit einen sehr hohen relativen Feuchtigkeitsgehalt hat.

Die nach längeren Betriebspausen im Spinnprozeß auftretenden Mängel haben vielmehr eine ganz andere Ursache. Dazu folgende Überlegungen:

Die für den Antrieb jeder Spinnmaschine nötige mechanische Energie wird bekanntlich durch Lagerreibung usw. als Wärmeenergie wieder abgegeben. Da der Kraftbedarf einer Spinnmaschine sich gleichmäßig über die ganze Maschine entsprechend der Anordnung der Spindeln verteilt, erfolgt ebenso gleichmäßig verteilt die Wärmeabgabe. Infolge des guten Wärmeleitvermögens von Eisen ist ferner auch die Oberflächentemperatur der einzelnen Maschinenteile, also auch die der Spinnzylinder, gleichmäßig.

Genau so wie jeder Heizkörper, der Wärme abgibt, eine höhere Oberflächentemperatur als die Umgebung hat, muß auch die Spinnmaschine eine höhere Temperatur haben als die sie umgebende Raumluft. Normalerweise herrscht also an der Spinnmaschine dort, wo der eigentliche Spinnprozeß stattfindet, am Streckwerk, ein anderer Luftzustand als im freien Arbeitssaal. Die Fasern werden an den Maschinenteilen über die Raumtemperatur hinaus erwärmt, und gleichzeitig werden die Feuchtigkeitswerte von Luft und Fasermaterial entsprechend beeinflußt. Der Arbeitsprozeß vollzieht sich dabei erfahrungsgemäß störungsfrei.

Ganz anders ist es aber nach einer längeren Betriebspause, wenn die Luft, die Arbeitsmaschinen, Faserstoffe usw. im Spinnsaal abgekühlt sind. Durch die Heizungsanlage wird die Raumluft dann zwar wieder auf den normalen Wert gebracht, aber die Erwärmung der Maschinen erfolgt mit großer Verzögerung. Wenn nun unter diesen Verhältnissen der Spinnereibetrieb in Gang gesetzt wird, dann haben die Spinnmaschinen eine Oberflächentemperatur, die niedriger als die Raumlufttemperatur ist; also gerade umgekehrt wie es normalerweise der Fall ist. Das Fasergut wird im Spinnprozeß statt erwärmt noch abgekühlt. Auf diese Weise wirkt sich zwar indirekt eine zu hohe relative Luftfeuchtigkeit nachteilig aus, während die eigentliche Ursache für die unter diesen Umständen auftretenden Produktionsverluste aber die Untertemperatur der Maschinen ist.

Im weiteren Verlauf des Arbeitsvorganges erwärmen sich die Spinnmaschinen allmählich durch die zugeführte Energie auf Raumtemperatur und erreichen schließlich die normale Übertemperatur. Erst dann laufen die Spinnmaschinen wieder gut.

Die vorigen Ausführungen werden bestätigt durch Temperaturmessungen, deren Ergebnisse Zahlentafel 11 und Bild 36 enthalten.

Zahlentafel 11.

Zeit und Stunde der Messung s. Bild 36	Raumlufttemperaturen t_R °C	Oberflächentemperatur des Druckzylinders t_D °C
1	2	3
20. Febr. 38 14 Uhr	14	14,0
15 »	17	14,4
16 »	19	15,1
17 »	21	15,6
18 »	20	16,1
19 »	17,5	16,0

Diese Messungen sind in einem Ringspinnsaal nach einer Betriebspause von mehr als 24 Stunden gemacht worden und erstrecken sich über eine Zeit von 5 Stunden. Innerhalb dieser Versuchszeit ist die Raumheizungsanlage etwa 3 Stunden lang in Betrieb.

Die Raumlufttemperatur wird durch ein schreibendes Gerät gemessen. In Abständen von einer Stunde wird außerdem die Oberflächentemperatur des Druckzylinders im Streckwerk einer Ringspinnmaschine gemessen. Die Gegenüberstellung dieser Zahlenwerte in Spalte 2 und 3 der

Zahlentafel 11 zeigt, mit wie großer Verzögerung die Erwärmung des Druckzylinders gegenüber der Raumluft vor sich geht.

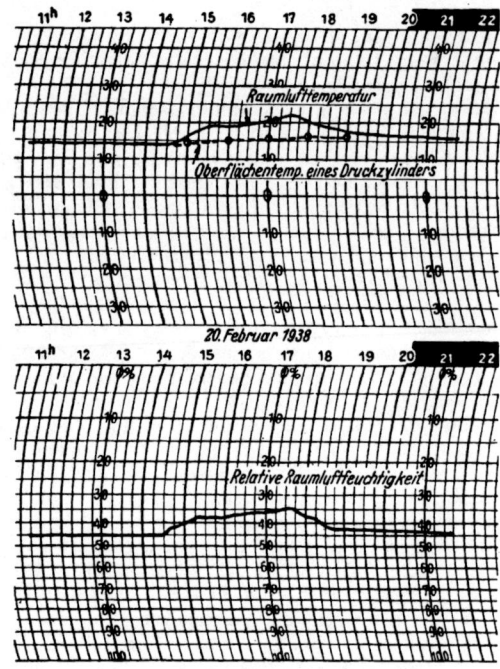

Bild 36. Zur Untersuchung des Einflusses der Raumheizung auf Raumluft und Maschinenteile. Ringspinnsaal, Werk I, Altbau. (S. hierzu Zahlentafel 11.)

Diese Tatsache wird leicht verständlich durch eine Berechnung bei Berücksichtigung folgender Verhältnisse:

1. Der untersuchte Ringspinnsaal hat einen Rauminhalt von etwa 7200 m³.
2. Die vorhandenen 55 Ringspinnmaschinen haben nach Angabe der »Sächsische Textilmaschinenfabrik vorm. Rich. Hartmann AG., Chemnitz« ein Eisengewicht von etwa 400 000 kg.
3. Die Raumlufttemperatur ist während der Versuchszeit nach Bild 36 von $t_1 = 14^0$ C auf $t_2 = 22^0$ C angestiegen.

Zur Erwärmung der Raumluft ist die Wärmemenge
$$Q_{Luft} = G_{Luft} \cdot c_{p\,Luft} \cdot (t_2 - t_1) = 16\,600 \text{ kcal}$$
nötig.

Wenn die Eisenteile der Maschinen dieselbe Temperaturzunahme erfahren sollen, dann muß ihnen die Wärmemenge
$$Q_{Eisen} = G_{Eisen} \cdot c_{Eisen} \cdot (t_2 - t_1) = 370\,000 \text{ kcal}$$
zugeführt werden.

Diese Zahlen geben ein klares Bild. Der Unterschied wird aber noch größer, wenn in die Berechnung auch noch die Wärmeaufnahme von Mauerwerk usw. einbezogen wird.

Aus dieser Untersuchung ist folgende für den Spinnereibetrieb sehr wichtige Folgerung zu ziehen:

Die bekannten Schwierigkeiten im Spinnprozeß können nur dann vermieden werden, wenn entweder Vorsorge getroffen wird, daß während längerer Betriebspausen die Spinnsäle nicht merklich auskühlen können, oder wenn die Raumheizungsanlagen genügend lange Zeit vor Betriebsbeginn die Arbeitssäle intensiv durchwärmen. Eine dadurch erhöhte Belastung des Kohlenkontos wird durch Leistungssteigerung des Spinnereibetriebes bei weitem übertroffen.

In der heutigen Kriegszeit sollte man auch unbedingt die vorhandenen Verdunkelungsanlagen dazu benutzen, die Auskühlung der Arbeitsräume zu hemmen, indem man in längeren Betriebspausen die Verdunkelungsvorhänge vor den Fenstern beläßt. Denn gerade die Fensterflächen mit ihrem großen Wärmedurchgang sind insbesondere Verlust-

quellen für die während der Betriebszeit im Raume aufgespeicherte Wärme.

Wenn wir vorhin über die Auskühlung von Arbeitssälen gesprochen haben, dann ist dazu noch zu bemerken, daß die Temperatur der Raumluft in Betriebspausen meistens nur dann abnimmt, wenn die Außenlufttemperatur einen verhältnismäßig niedrigen und dabei für längere Zeit konstant bleibenden Wert hat. Schwankt dagegen die Außenlufttemperatur in weiten Grenzen, wie es beispielsweise die in Bild 30 niedergeschriebenen Luftmessungen zeigen, dann wird die Raumlufttemperatur durch die Außenluft weniger beeinflußt. Hierzu sei noch auf folgendes Untersuchungsergebnis hingewiesen:

In Spalte 2 der Zahlentafel 9 sind die Temperaturwerte der Außenluft während des Verlaufs eines Tages eingetragen; sie schwanken in weiten Grenzen mit einem Differenzwert von 18° C. Die Temperaturwerte der Raumluft dagegen haben während derselben Zeit nur einen Unterschied von 1,5° C zwischen Größt- und Kleinstwert. Diese Raumlufttemperaturen sind im Erdgeschoß eines Hochbaues mit zwei Obergeschossen ermittelt worden.

Der Einfluß der Temperatur der Außenluft auf die der Raumluft ist in diesem Falle außerordentlich gering. Der Grund dafür ist:

1. Die Umfassungsmauern des Arbeitssaales und die Obergeschosse sind eine vorzügliche Wärmeisolierung.
2. Die im Raume vorhandenen Maschinen mit ihren großen Eisenmengen und andere Materialien, Mauern usw. bilden einen Wärmespeicher und überbrücken und schwächen weitgehendst die Temperatureinflüsse von außen.

Die Bauweise und ebenso das Wärmespeicherungsvermögen des Arbeitssaales sind maßgebend für den Einfluß der Außenlufttemperatur auf die Raumlufttemperatur. Auch an früheren Messungen (Bild 28 bis 34) ist dieser Einfluß zu erkennen.

4. Ergebnis über die Untersuchungen des Einflusses der Außenluft auf die Raumluft.

Die Untersuchung der Außenluft in verschiedenen Jahreszeiten und deren Einfluß auf den Zustand der Raumluft in Arbeitssälen der Textilindustrie hat im wesentlichen zu folgendem Ergebnis geführt:

Die täglichen oft in weiten Grenzen schwankenden relativen Feuchtigkeitswerte der atmosphärischen Luft sind kein Maßstab für das gleichzeitige Verhalten der relativen Luftfeuchtigkeit in den Arbeitsräumen. Diese Tatsache erklärt sich dadurch, daß die absolute Feuchtigkeit der Außenluft von einem Tage zum anderen sich normalerweise nur wenig ändert, wenn die absoluten Feuchtigkeitswerte an sich auch großen jahreszeitlichen Änderungen unterworfen sind. Die Größtwerte der entstehenden Abweichungen sind in allen Jahreszeiten wiederum sehr angeglichen. Daraus darf der Rückschluß gezogen werden, daß zur Erzielung eines gleichbleibenden Raumluftzustandes von Jahreszeit zu Jahreszeit zwar unterschiedliche Vorkehrungen in der Luftbehandlung getroffen werden müssen, daß aber der Zustandsverlauf der Außenluft in kurzer Zeitfolge auf die Behandlungsweise der Raumluft nur einen geringen Einfluß ausübt.

Diese Tatsache ist wichtig bei der Bemessung und Arbeitsweise der Regeleinrichtungen lufttechnischer Anlagen, soweit es sich dabei um die Berücksichtigung außenklimatischer Einflüsse handelt.

Die Untersuchungen haben weiter gezeigt, daß zwischen der Raumluft und den Räumen mit den darin vorhandenen Textilien usw. ein gegenseitiges Abhängigkeits- und Ausgleichsverhältnis besteht. Alle Gegenstände und Maschinenteile und alles Mauerwerk sind als Wärme- und Feuchtigkeitsspeicher der Raumluft anzusehen. Temperatur und Feuchtigkeit sind bestrebt, zwischen der Luft und ihrer Umgebung immer einen Gleichgewichtszustand herzustellen.

F. Innerräumliche Einflüsse auf den Raumluftzustand.

1. Betriebsbedingte Luftströmungen.

Wir haben bisher die außenklimatischen Einflüsse auf den Zustand der Raumluft an verschiedenartigen Beispielen kennengelernt. Außerdem gibt es nun noch innerräumliche Einflüsse, die das »spezifische Raumklima« aus dem Gleichgewicht bringen können. Aber nicht immer brauchen die hier gemeinten betriebsbedingten Einflüsse auf den Raumlustzustand Störungsquellen zu sein. Es können im Gegenteil diese Einflüsse sogar, sofern man sie in ihrer Eigenart richtig erkannt hat und sie infolgedessen auch auszunutzen versteht, willkommene Helfer bei der Herstellung des »spezifischen Raumklimas« sein.

Da sind zunächst Luftströmungen im Raum zu erwähnen, die an einigen Stellen im Textilbetrieb durch den Fertigungsprozeß entstehen. Bevor näher darauf eingegangen wird, soll ein Überblick über die Arbeitsvorgänge, auch zum besseren Verständnis späterer Untersuchungen, gegeben werden, die sich in den untersuchten Textilbetrieben bei der Verarbeitung vom textilen Rohstoff bis zum fertigen Gewebe abspielen. Bild 37 zeigt uns diese Fertigungsfolge, sie ist gleichzeitig eine Betriebsraumfolge.

Luftmengen, die so groß sind, daß sie bei der Untersuchung der Raumluftfrage ins Gewicht fallen, werden in der Spinnerei für folgende Zwecke verwendet:

1. als Fördermittel in pneumatischen Anlagen zur Förderung von Baumwoll- und Zellwollfasern,
2. zur Reinigung und Auflockerung von Textilfasern.

Bei pneumatischen Förderanlagen wird die erforderliche Luftmenge aus dem Raum, in dem sich die Anfangsstelle der Förderanlage befindet, durch Ventilatoren entnommen. Normalerweise strömt eine entsprechende Luftmenge durch Fenster und andere Öffnungen als Außenluft in den betreffenden Raum nach. Wir haben hier also einen stetigen künstlichen Luftwechsel, da die Luft an der Endstelle der Förderanlage wieder ins Freie gelangt.

In weit größerem Maße wird aber Luft zur Reinigung und Auflockerung von Textilfasern in der Putzerei und im Batteur gebraucht. Diese Luft wird von den Textilmaschinen unmittelbar an der Verbrauchsstelle aus dem Arbeitsraum angesaugt. Sie verläßt die Maschinen mit Staub durchsetzt und zum Teil auch noch unter Mitnahme von wertvollen Textilfasern. In diesem Zustande kann man die Abluft nicht ins Freie schicken; einmal um nicht die Umgebung durch den Textilstaub zu belästigen, und zum anderen, um nicht das mitgeführte Fasergut preiszugeben.

Deshalb wird die Abluft zunächst in Kanäle geleitet, die meistens in Kellerräumen angelegt sind. In diesen Kanälen wird die Abluft wechselweise Richtungs- und Querschnittsänderungen ausgesetzt, um sie dadurch so gut wie möglich von allen Schwebeteilchen zu befreien. Erst dann gelangt die Abluft durch den sog. Staubturm ins Freie. Es handelt sich hier also um eine Reinigungsmethode, nach der man auch vielfach bei Großfeuerungsanlagen eine Flugascheabscheidung zu erzielen strebt.

In den meisten Spinnereien ist eine derartige Staubabscheidung nicht zufriedenstellend, besonders nicht in

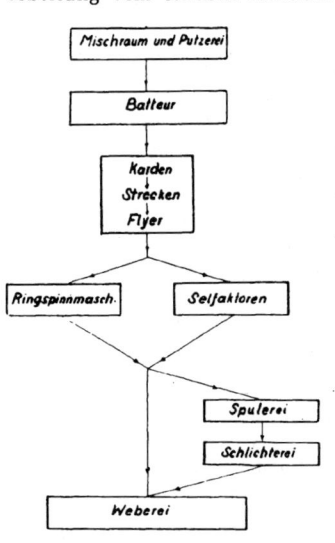

Bild 37. Fertigungsfolge und Arbeitsraumfolge in der Baumwoll- und Zellwollspinnerei und Weberei.

älteren Betrieben; sie kann es auch nicht sein, denn bei allen im Laufe von Jahren erfolgten Betriebsvergrößerungen und Verbesserungen der Reinigungs- und Batteurmaschinen, die naturgemäß auch größere Luftmengen erforderten, blieben Abscheideräume und Staubturm in ihren ursprünglichen Abmessungen bestehen.

Um hier nun Abhilfe zu schaffen, ist man in den letzten Jahren dazu übergegangen, die Abluft zu filtern. Man benutzt dazu mit gutem Erfolge Schlauchfilteranlagen. Die Wirkungsweise dieser Anlagen — Bild 38 zeigt uns ihren äußeren Aufbau — beruht darauf, daß die unreine Luft von unten in das Innere der aus Baumwollgewebe hergestellten Filterschläuche geleitet wird. Die abzuscheidenden Staub- und Faserteilchen bleiben teils an der Innenfläche der Schläuche haften, teils fallen sie schon während des Betriebes durch die Filterschläuche in einen unter diesen Schlauchbatterien vorhandenen Staubsammelbehälter. Der

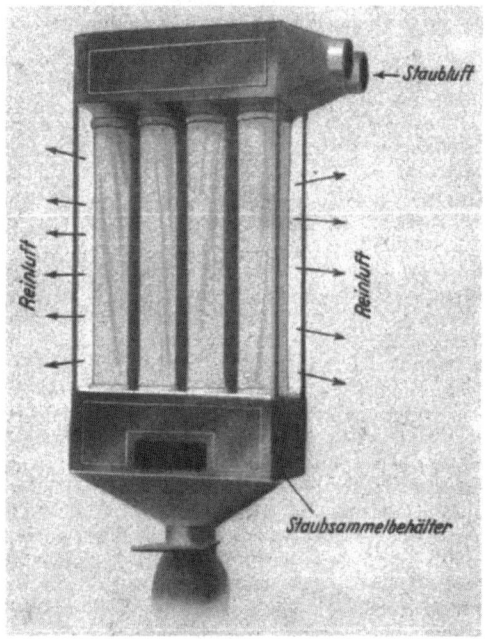

Bild 38. Schlauchfilteranlage mit 8 Filterschläuchen.

haftengebliebene Staub wird von Zeit zu Zeit in Betriebspausen durch eine Rüttelvorrichtung von den Innenflächen der Schläuche entfernt und gelangt dann ebenfalls in den Sammelraum. Die in diese Filteranlagen eingeführte Luft gelangt durch die Poren des Schlauchgewebes gereinigt nach außen.

Um eine einwandfreie Arbeitsweise der Schlauchfilteranlagen gewährleisten zu können, müssen sie erfahrungsgemäß so groß bemessen sein, daß zur Filterung einer Luftmenge von 1000 m³/h eine Filterschlauchoberfläche von 10 bis 12 m² vorhanden ist.

In sehr vielen Fällen werden die Schlauchfilteranlagen in den Arbeitsräumen selbst, in denen die staubige Luft anfällt — also in der Mischerei und im Batteurraum — so aufgestellt, daß die gefilterte Luft unmittelbar in den Arbeitsraum zurückgelangt. Es entsteht also ein stetiger Luftkreislauf: Arbeitsmaschine, Filteranlage, Arbeitsraum, Arbeitsmaschine.

Man macht das aus folgenden Gründen:

1. Der Luftbedarf der Reinigungs- und Batteurmaschinen ist verhältnismäßig groß. Im Batteurraum beispielsweise beträgt oft der stündliche Luftbedarf den 25fachen Inhalt des Arbeitsraumes. Wenn man auf den Luftkreislauf verzichtet und die gereinigte Luft ins

Freie schickt, müssen entsprechende Luftmengen immer wieder durch Fensterritzen von außen oder durch Türöffnungen aus den benachbarten Arbeitssälen herangeholt werden; dadurch können lästige Zugerscheinungen hervorgerufen werden.

2. Durch den Luftkreislauf sollen Ersparnisse erzielt werden, weil in den kalten Jahreszeiten dann auf eine Raumluftheizung verzichtet werden kann, die nötig wäre, wenn eine ständige Lufterneuerung von außen stattfände.

Diese Gründe sind nicht stichhaltig, wie wir noch sehen werden. Durch eine nähere Untersuchung gewinnt dieser ganze Fragenbereich sogar auch in großem Maße Bedeutung für die Lösung der Raumluftfrage im Textilbetrieb.

Wenn der Abscheidegrad der Schlauchfilteranlagen auch sehr gut ist und die gefilterte Luft auch keine sichtbaren Staubmengen mehr enthält, so ist die im Kreislauf geführte Luft doch nicht als Raumluft geeignet. Der Textilfachmann sagt, er »schmeckt« diese Luft und lehnt sie aus gesundheitlichen Gründen ab.

Deshalb ist es richtig, die gefilterte Luft nicht wieder in den Arbeitssaal zu führen, sondern — ebenso wie in Betrieben ohne Filteranlagen — sie ins Freie zu leiten. Das ist leicht zu erreichen, indem man die Reinluftseite der Schlauchfilteranlage durch einen Luftkanal mit der Außenluft in Verbindung bringt.

In diesem Falle ist man auf eine Luftquelle angewiesen, die stets den erforderlichen Luftbedarf decken kann. Außenluft darf man nicht nehmen, um nicht den wechselvollen außenklimatischen Einflüssen ausgesetzt zu sein, die sich bei diesen großen Luftmengen fraglos unangenehm auf den Arbeitsprozeß auswirken müßten.

Es lassen sich aber sehr gut die erforderlichen Luftmengen aus den benachbarten Arbeitsräumen nehmen, auch ohne die gefürchteten Zugerscheinungen in Kauf nehmen zu müssen.

In allen Textilbetrieben liegen die Arbeitsräume der Vorspinnerei — Karden, Strecken und Flyer — in unmittelbarer Nähe von Putzerei und Batteur. Da in der Vorspinnerei zur Aufrechterhaltung des »spezifischen Raumklimas« ein gewisser Luftwechsel erforderlich ist, kann mit der dabei überschüssig werdenden Luftmenge in großem Maße der Luftbedarf für Putzerei und Batteur bestritten werden. (Das Verhältnis zwischen Luftbedarf von Putzerei und Batteur und dem Rauminhalt der Vorspinnerei ist fast durchweg so, daß der gesamte stündliche Luftbedarf einem vierfachen stündlichen Luftwechsel der Vorspinnereiräume entspricht.) Man muß nur darauf achten, die Luft so zu führen und zu verteilen, daß das Bedienungspersonal nicht mit den Stellen in Berührung zu kommen braucht, an denen die Luftströmungen durch hohe Geschwindigkeiten ein Gefühl der Unbehaglichkeit hervorrufen können. Die Lösung ist nicht schwierig. Praktische Ausführungen dieser Art und die entsprechenden lufttechnischen Meßergebnisse dazu wollen wir später noch kennenlernen.

Zu der erwähnten Frage der Heizungskostenersparnisse in Verbindung mit der Luftführung im Batteur ist folgendes zu sagen:

In der Textilindustrie und dort besonders in der Spinnerei ist der Kraftbedarf der Arbeitsmaschinen sehr groß. Entsprechend groß ist also auch der Wärmeanfall während der Betriebszeit (Zahlenwerte darüber enthält Abschnitt F 3); er ist so groß, daß fast zu jeder Zeit, bei dem Klima Nordwestdeutschlands auch im Winter, in den meisten Räumen ein Wärmeüberschuß vorhanden ist. Statt nun, wie es die Regel ist, diesen Wärmeüberschuß durch lufttechnische Anlagen abzuführen, kann man durch geeignete Einrichtungen diese Wärme dorthin leiten, wo ein Wärmebedarf vorhanden ist, in unserem Falle also in den Batteur.

Die Belüftung von Putzerei und Batteur kann nur dann eine befriedigende Lösung finden, wenn man sie mit den lufttechnischen Einrichtungen anderer Betriebsabteilungen in Verbindung bringt. Ja, man kommt überhaupt nur dann zu einer glücklichen Lösung der Raumluftfrage im Textil-

betrieb, wenn die lufttechnischen Einrichtungen der einzelnen Betriebsräume alle aufeinander abgestimmt sind und ein organisches Ganzes bilden, wie in späteren Ausführungen noch gezeigt werden soll (Abschnitt K 1).

2. Feuchtigkeits- und Wärmequellen.

Von den Untersuchungen über die Beziehungen zwischen Außenluft und Raumluft her wissen wir, daß die außenklimatischen Einflüsse vornehmlich indirekt über die Umfassungsmauern und Dächer der Arbeitsräume zur Einwirkung auf die Raumluft kommen. Insofern üben also auch die Gebäudeteile als Wärme- und Feuchtigkeitsspeicher innerräumliche Einflüsse auf den Raumluftzustand aus; sie sind Wärme- und Feuchtigkeitsquellen oder gegebenenfalls auch Verlustquellen.

Welche Bedeutung den Mauerwerksteilen als Feuchtigkeitsquellen beizumessen ist, ist nicht leicht festzustellen und kann hier auch nicht näher untersucht werden. Versuche, die darauf beruhten, daß losgelöste Mauerwerksteilchen in den Arbeitssälen so gelagert wurden, daß sie denselben Einflüssen ausgesetzt waren wie die Innenflächen der Umfassungsmauern selbst, und deren Gewicht dann in gewissen Zeitabständen festgestellt wurde, haben zu keinem Ergebnis geführt. Es ist aber anzunehmen, daß diese Feuchtigkeitsquelle im Vergleich zu den künstlich für die Erhaltung des »spezifischen Raumklimas« aufzuwendenden Feuchtigkeitsmengen meistens außerordentlich klein ist.

Wenn wir vorhin von einer innerräumlichen Feuchtigkeitsquelle, hervorgerufen durch indirekten Einfluß der Außenluft, gesprochen haben, so gibt es in demselben Sinne auch eine innerräumliche Wärmequelle durch indirekten Einfluß der Außentemperatur in den warmen Jahreszeiten.

Die Vorgänge, die sich hierbei abspielen, entsprechen denen, die in der Heizungstechnik — wobei dann allerdings die Gebäudeteile statt Wärmequellen zu Wärmeverlustquellen werden —, die Grundlage für die Berechnung und Bemessung der Heizungsanlagen bilden. Die Berechnung des Wärmebedarfs von einzelnen Räumen und ganzen Gebäuden kann man in ganz schematischer Weise nach der bekannten Formel:

$$Q = k \cdot F \cdot (t_1 - t_2)$$

durchführen. Als durchschnittliche tiefste Außentemperatur muß man im allgemeinen in unserem Klima —15° C einsetzen. Unter Berücksichtigung einer Reihe von bekannten Zuschlägen macht es nun keine Schwierigkeit, den Wärmeverlust zu bestimmen.

Nach der vorhin genannten Grundgleichung des Wärmedurchganges pflegt man in der Klimatechnik auch den durch hohe Außentemperaturen entstehenden Wärmeanfall im Raum zu berechnen. Die Temperaturdifferenz $(t_1 - t_2)$ ist der Unterschied zwischen der verlangten Raumtemperatur und der höchsten Außenlufttemperatur. Die Sonnenstrahlung wird dadurch berücksichtigt, daß man in der Wärmedurchgangsberechnung bei den der Sonnenstrahlung ausgesetzten Gebäudeteilen mit einer um 9° C höheren Temperaturdifferenz rechnet. Eine genauere Methode zur Ermittlung der Strahlungsenergie gibt Bradtke (18) an und nennt eine Gleichung, nach der die Sonnenstrahlung Berücksichtigung findet.

Doch auch danach wird man kaum zu einwandfreien, praktisch brauchbaren Ergebnissen kommen. Folgende Überlegungen bestätigen das:

Wie schon gesagt, läßt sich in der Heizungstechnik der Wärmebedarf nach der Wärmedurchgangsformel einwandfrei berechnen. Das ist verständlich. Denn in dieser Formel gibt es nur eine veränderliche Größe, die Temperatur der Außenluft. Und auch diese Temperatur bleibt oftmals für längere Zeit, wie z. B. der Meßstreifen Bild 39 von einer Dezemberwoche 1938 zeigt, auch in extremen Werten konstant, so daß ein gleichbleibender Wärmefluß durch die Gebäudeteile entstehen kann.

Ganz anders liegen die Verhältnisse im Sommer bei umgekehrtem Wärmefluß von außen nach innen. Dann folgt in täglichem Wechsel jedem Temperaturhöchstwert mit verhältnismäßig großer Differenz eine Niedrigsttemperatur der Außenluft. Es ist nicht gerechtfertigt, für die Wärmedurchgangsberechnung eine Temperatur einzusetzen, die täglich nur für einige Stunden (Bild 25) vorhanden ist. Wie frühere Untersuchungen schon gezeigt haben, können sich hohe Außenlufttemperaturen gar nicht vollends auf den Luftzustand im Raum auswirken, weil die Gebäudeteile als Wärmespeicher die Extremwerte der Außenluft in ihrer Wirkung abschwächen und überbrücken, was beispielsweise auch aus den Bildern 28, 29 und 30 hervorgeht. Der Wärmefluß durch die Gebäudeteile ist einem steten Richtungswechsel unterworfen.

Bei der Ermittlung der eindringenden Sonnenwärme ist zwar zu bedenken, daß sie in ihrer Intensität nicht proportional der Temperatur-Zeit-Kurve der Außenluft zur Wirkung kommt. Auch dann, wenn die Außenlufttemperatur niedriger als die Raumlufttemperatur ist, übt die Sonnenstrahlung noch ihren Einfluß durch die Gebäudeteile auf die Raumluft aus. In diesem Falle ist aber das Temperaturgefälle von der Außenfläche der sonnenbestrahlten, er-

daß der direkte Einfluß der Außenluft für die Wirkung einer Klimaanlage von noch viel größerer Bedeutung ist. Denn die Außenluft selbst ist ja für jede Klimaanlage ein Betriebsmittel. In dieser Hinsicht kommt dem Zustand der Außenluft eine außerordentlich große Beachtung zu. Die physikalischen Vorgänge, die sich dabei abspielen, können zahlenmäßig ganz genau ermittelt und verfolgt werden. Wir werden das später noch sehen.

Eine weitere Wärme- und Feuchtigkeitsquelle im Raum, die bei der Klimatisierung der Luft zu beachten ist, sind die Menschen, die sich im Raum aufhalten.

Der menschliche Körper gibt an seine Umgebung Wärme ab:
1. durch Leitung, Konvektion und Strahlung, die man als trockene Wärme Q_{tr} bezeichnet, und
2. durch Verdunstung, die man als feuchte Wärme Q_f bezeichnet.

Die Gesamtwärmeabgabe des menschlichen Körpers ist:

$$Q = Q_{tr} + Q_f.$$

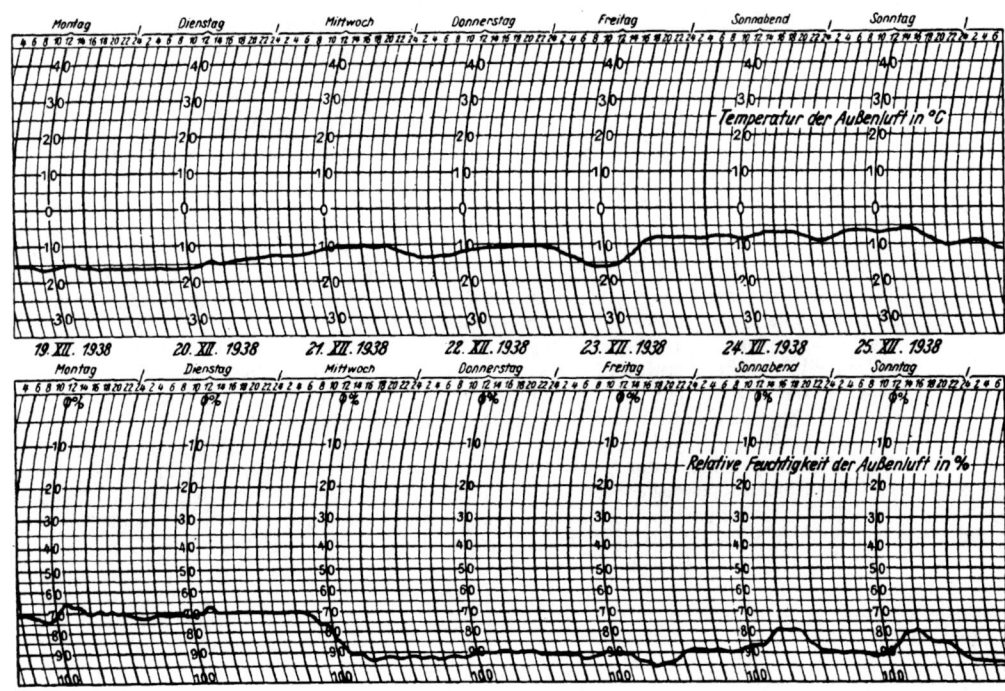

Bild 39. Zustandsverlauf der Außenluft während einer Winterwoche.

wärmten Gebäudeteile zur Außenluft größer als das Temperaturgefälle der Außenfläche zur Innenluft. An diesen Hinweisen sehen wir schon, daß eine zahlenmäßige Ermittlung des atmosphärischen Einflusses auf die Raumluft außerordentlich schwierig ist. Ein befriedigendes Ergebnis wird man nur dann erzielen, wenn man die von Bradtke genannten Berechnungsmethoden mit praktischen Meßergebnissen in Verbindung bringt. Die Bauweise der untersuchten Gebäude, insbesondere ob Shedbau oder Hochbau, muß dabei weitgehende Berücksichtigung finden.

In Hinblick auf die große Bedeutung, die die Klimatechnik in Zukunft haben wird, wäre es zu wünschen, wenn durch theoretische und praktische Untersuchungen Festwerte über den Wärmeeinfall in den Raum unter Beachtung von Lage, Art und Größe der Gebäude ermittelt würden. Es sei nebenbei bemerkt, daß in der Heizungstechnik auf ähnliche Weise von Uber (19, 20) durch Untersuchungen ein wertvoller Beitrag zur Ermittlung des Wärmebedarfs von großen Gebäuden geliefert wurde.

Wenn nun die erwähnten Festwerte in der Klimatechnik heute auch noch nicht bekannt sind, sondern mit mehr oder weniger richtigen Erfahrungswerten bei der Klimatisierung von Arbeitsräumen gerechnet wird, so ist aber zu bedenken,

Der Anteil der trockenen und feuchten Wärme an der Gesamtwärmeabgabe ist abhängig von der Lufttemperatur und der Luftbewegung. Die Gesamtwärmeabgabe ist wiederum abhängig von der Betätigung des Menschen. Für einen normal bekleideten, sitzenden Menschen, der keine körperliche Arbeit verrichtet, beträgt bei normaler Raumlufttemperatur und ruhiger Luft die Wärmeabgabe etwa 100 kcal/h. Bei einer Temperatur von 28° C und sonst unter denselben Bedingungen ist die trockene Wärme Q_{tr} etwa gleich der feuchten Wärme Q_f; mit zunehmender Lufttemperatur wächst Q_f und mit abnehmender Lufttemperatur Q_{tr}. Die Feuchtigkeitsabgabe wird mengenmäßig bestimmt nach der Formel:

$$G = \frac{Q_f}{r} \cdot 1000 \quad \text{in g/h,}$$

darin ist r die Verdampfungswärme in kcal/kg.

Während die Wärme- und Feuchtigkeitsabgabe des menschlichen Körpers für die Klimatisierung von Versammlungs- und anderen dichtbesetzten Räumen ein außerordentlich wichtiger Faktor ist, spielt sie in der Raumluftfrage der Textilindustrie nur eine untergeordnete Rolle. In den Spinnereien und Webereien ist die Wärmeabgabe des einzelnen Menschen zwar noch größer. Man muß hier, da fast durchweg in allen Betrieben eine mäßige bis mittlere körperliche Arbeit zu leisten ist, mit einer Gesamtwärmeabgabe von etwa 200 kcal/h für den Arbeiter rechnen.

Aber in den Arbeitsräumen der Textilindustrie entfällt auf jeden Menschen ein verhältnismäßig sehr großer Rauminhalt. Wenn man weiter noch berücksichtigt, daß alle Fertigungsräume einem mehrfachen stündlichen Luftwechsel unterliegen, dann verteilt sich die stündliche Wärmeabgabe des einzelnen Menschen auf mehrere hundert m³ Rauminhalt.

Für den Anteil der trockenen Wärme Q_{tr} kann man in Textilbetrieben etwa 120 kcal/h einsetzen; nur diese fühlbare Wärmeabgabe beeinflußt die Raumlufttemperatur.

Die feuchte latente Wärme Q_f dagegen macht sich lediglich als Feuchtigkeitssteigerung der Raumluft bemerkbar, aber dies bei den vorhandenen Betriebsverhältnissen in so geringem Maße, daß man sie unberücksichtigt lassen darf.

Weitere Ausführungen über die Wärme- und Feuchtigkeitsabgabe des menschlichen Körpers gibt das Schrifttum (6, 21).

Eine andere Wärme- und Feuchtigkeitsquelle in den Räumen der Textilindustrie soll hier noch kurz erwähnt werden, obwohl sie weder für die Planung und den Bau noch für den Betrieb von Klimaanlagen praktisch von Belang ist. Es handelt sich um den wechselweisen Austausch von Feuchtigkeit zwischen Faserstoffen und Raumluft. Darauf wurde früher schon hingewiesen im Abschnitt E 3 über die Speicherung von Wärme und Feuchtigkeit in den Arbeitssälen des Textilbetriebes.

Bei diesen Untersuchungen wurde festgestellt, wie ein Beispiel auf S. 26 zeigt, daß sich der absolute Feuchtigkeitsgehalt der Raumluft bei Betriebsstillstand durch Feuchtigkeitsaustausch in 10 Stunden um 2 g/kg verringerte; das entspricht einer Abnahme der relativen Luftfeuchtigkeit von etwa 10% bei konstant bleibender Temperatur von 25°C. Wenn diese Zahlen für die betreffende Untersuchung auch sehr aufschlußreich sind, so zeigen sie doch auch gleichzeitig, daß dieser Feuchtigkeitsaustausch, sei es von den Faserstoffen zur Raumluft oder umgekehrt, dann, wenn der Betrieb und auch die Luftaufbereitungsanlage läuft und im Raum ein mehrfacher stündlicher Luftwechsel vorhanden ist, den Raumluftzustand so wenig beeinflußt, daß er in unseren weiteren Untersuchungen keine Berücksichtigung zu finden braucht.

Zu demselben Ergebnis kommt man auch für jeden Arbeitssaal, gleichviel welcher Fertigungsgang sich dort abspielt, wenn man berechnet, welchen Feuchtigkeitsgehalt eine maximal stündlich in dem betreffenden Raum zu verarbeitende Faserstoffmenge mit der Raumluft unter den ungünstigsten Bedingungen austauschen kann, d. h. wenn beispielsweise das Fasergut mit einem niedrigstmöglichen Feuchtigkeitsgehalt aus dem Flyersaal kommend in den Spinnprozeß im Ringspinnsaal eingeführt wird und diesen Arbeitssaal mit dem höchstmöglichen Feuchtigkeitsgehalt verläßt (s. hierzu Bild 35).

In diesem Zusammenhang muß noch gesagt werden, daß mit der Aufnahme von Feuchtigkeit durch das Fasergut eine Wärmeabgabe an die Textilien und damit auch an die Raumluft verbunden ist. Zahlenmäßige Untersuchungen darüber hat Obermiller (17) abgestellt.

Bei dem Feuchtigkeitsaustausch kondensiert der Wasserdampf der Luft. Die Fasern enthalten Wasser in flüssigem Aggregatzustande. Bei der freiwerdenden Wärme handelt es sich also um die Verdampfungs- bzw. Kondensationswärme des Wassers. Ob außerdem noch durch andere physikalische Vorgänge Wärme frei wird, ist noch nicht untersucht worden.

Dieser Wärmeanfall sollte hier nur nebenbei erwähnt werden. Für die Raumluftfrage im Textilbetrieb ist er praktisch nicht von Belang. Eine zahlenmäßige Auswertung über die anfallenden Wärmemengen würde zu einem genau so negativen Ergebnis führen, wie auch die Untersuchung über den vorhin genannten Feuchtigkeitsaustausch selbst.

Die weitaus größte Wärmequelle in allen Betrieben der Textilindustrie sind die Arbeitsmaschinen durch ihren in Wärme umgesetzten Kraftbedarf. Viele Luftbefeuchtungssysteme sind daran gescheitert. In einigen Arbeitssälen kann man auch nur durch vollautomatische Klimaanlagen ihrer Herr werden.

Wie das Schrifttum (3) zeigt, hat man lange Zeit diese Wärmequelle zahlenmäßig nicht richtig zu erfassen und zu bewerten vermocht.

Heute rechnet man allgemein damit, daß die gesamte Wärmeäquivalenz des Kraftbedarfs, also 1 PS = 632 kcal bzw. 1 kW = 860 kcal, als wirksame Wärme im Arbeitssaal frei wird.

Obwohl es für die praktische Planung von lufttechnischen Anlagen zweifellos richtig ist, diese Werte einzusetzen, so muß man aber doch einräumen, daß in jeder Fertigung ein gewisser Teil des aufgewendeten Kraftverbrauchs als Formänderungsenergie vorhanden bleibt. Im Spinnprozeß beispielsweise wird durch die Drehung der Fasern potentielle Energie im Garn, wenn auch in sehr geringen Mengen, aufgespeichert.

Da heute fast alle Betriebe der Textilindustrie auf elektrischen Antrieb umgestellt sind, ist es verhältnismäßig einfach, die durch den Kraftverbrauch der Arbeitsmaschinen anfallenden Wärmemengen zu bestimmen. Man gelangt zu einem sehr genauen Ergebnis, wenn man durch eine einzige Meßstelle den gesamten Kraftverbrauch eines Arbeitssaales feststellen kann, indem man in das Hauptstromzuführungskabel einen Kilowattstundenzähler oder noch besser ein schreibendes Gerät einbaut. Der auf diese Weise gemessene Stromverbrauch multipliziert mit dem äquivalenten Wärmewert 860 ergibt den stündlichen Wärmeanfall in kcal/h, sofern die Antriebsmotoren in dem betreffenden Arbeitssaal selbst stehen und durch Kühlung der Motoren keine Wärme nach außen abgeführt wird.

Wenn aber die Motoren in einem Nebenraum stehen und ihre Kraft durch Transmissionen an die Maschinen im Arbeitssaal übertragen, dann darf nur die tatsächlich in den Arbeitssaal übertragene Kraft zur Ermittlung der Wärmezufuhr eingesetzt werden. Von der Gesamtstromaufnahme ist der Eigenverbrauch des Motors in Abzug zu bringen; das sind, entsprechend dem Motorwirkungsgrad, in den meisten Fällen 10 bis 20%.

In ähnlicher Weise wird auch dann die gesamte elektrische Stromzufuhr nicht im Arbeitssaal in Wärme umgesetzt, wenn die Antriebsmotoren wohl im Arbeitssaal aufgestellt sind, aber künstlich, sei es durch Luft oder Wasser, gekühlt werden und das Kühlmittel Wärme nach außen abführt. Die stündlich abgeführte Wärmemenge ist gleich dem Produkt aus stündlich dem Motor zugeführter Kühlmittelmenge, spezifischer Wärme des Kühlmittels und Temperaturdifferenz des Kühlmittels zwischen Motorein- und -austritt.

Diese Art der Motorkühlung findet durchweg überall dort Anwendung, wo der stufenlos regelbare Drehstrom-Kollektormotor zum Antrieb der Arbeitsmaschinen gebraucht wird. Das ist insbesondere an den Ringspinnmaschinen der Fall. Da die Ringspinnsäle von allen Arbeitsräumen im Textilbetrieb den größten »spezifischen Wärmeanfall« haben, wie aus dem nächsten Abschnitt zu ersehen ist, muß man bei der Planung von Klimaanlagen gerade für diese Räume die durch die Motorkühlung abgeführten Wärmemengen berücksichtigen. Dadurch ermäßigen sich nicht nur die Anlagekosten um 10% und mehr (entsprechend der künstlichen Motorkühlung), sondern auch die ständigen Betriebskosten der Klimaanlage werden von vornherein kleiner gehalten.

Da in der Textilindustrie der Lösung der Raumluftfrage insbesondere in den Ringspinnsälen größtes Interesse entgegengebracht wird, soll noch kurz auf einen Fehler hingewiesen werden, der oft bei der Ermittlung der durch den Kraftverbrauch der Ringspinnmaschinen freiwerdenden Wärmemengen gemacht wird. Es ist bekannt, daß die Antriebsmotoren der Ringspinnmaschinen, die Drehstrom-

Kollektormotoren, mit einem sehr guten Leistungsfaktor von cos φ = 0,95 und mehr arbeiten. Diesen Wert legt man nun zugrunde und ermittelt aus den Ablesungen der Amperemeter, die wohl in allen elektrischen Anlagen vorhanden sind, und der konstanten Betriebsspannung den Kraftverbrauch der Spinnmaschinen.

Das führt aber zu einem falschen Ergebnis, da der gute Leistungsfaktor tatsächlich nur bei maximaler Drehzahl und Belastung vorhanden ist. Aus spinntechnischen Gründen muß die Drehzahl der Antriebsmotoren in regelmäßigen Abständen geändert werden. Die an einem Antriebsmotor einer Ringspinnmaschine durchgeführten Messungen (Bild 40) zeigen, daß sich mit Änderung der Drehzahl auch der Leistungsfaktor in starkem Maße ändert, während die Stromstärke nahezu konstant bleibt. Aus dieser Charakteristik und der Leistungsformel für Drehstrom:

$$\text{Watt} = \text{Volt} \cdot \text{Ampere} \cdot \cos\varphi \cdot \sqrt{3}$$

wird nun ohne weiteres klar, daß es unerläßlich ist, Watt- bzw. Kilowattmessungen durchzuführen, um den Kraftverbrauch und die dadurch entstehende Wärmeentwicklung im Ringspinnsaal bestimmen zu können.

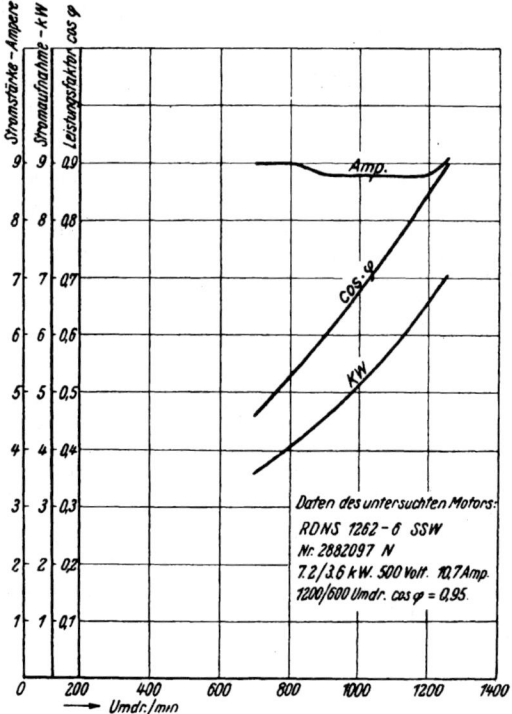

Bild 40.
Charakteristik eines Drehstrom-Kollektormotors bei Änderung der Drehzahl. Zur Untersuchung des Wärmeanfalls im Ringspinnsaal.

3. „Spezifischer Wärmeanfall" in den verschiedenen Betriebsabteilungen der Textilindustrie.

Die wichtigsten Faktoren, die für die Planung von Klimaanlagen im Textilbetrieb bekannt sein müssen, sind:
1. der gesamte Wärmeanfall im Raum,
2. die Größe des Raumes.

Die einzelnen Wärmequellen im Raum haben wir im vorigen Abschnitt kennengelernt. Drei von ihnen ergeben praktisch den gesamten Wärmeanfall, und zwar:
1. Wärme durch den Kraftverbrauch der Maschinen = Q_{Ma},
2. Wärme durch die Menschen = Q_{Me},
3. Wärme durch den Einfluß der Außenluft = Q_{Al}.
Der gesamte Wärmeanfall ist also:

$$Q_{Ges} = Q_{Ma} + Q_{Me} \pm Q_{Al}.$$

Der gesamte Wärmeanfall in den einzelnen Betriebsabteilungen ist ein charakteristisches Merkmal in der Lösung

der Raumluftfrage im Textilbetrieb. Um in dieser Hinsicht für jeden Arbeitsraum ein Wertmaß zu haben, muß eine Einheit gefunden werden, die es gestattet, die einzelnen Arbeitsräume miteinander zu vergleichen.

Jeder Betriebsleiter im Textilbetrieb ist bestrebt, seine Fabrikräume so zweckmäßig und nutzbringend einzurichten wie eben möglich. Er wird also in jedem Arbeitssaal soviel Arbeitsmaschinen aufstellen, daß der Fertigungsprozeß sich reibungslos abspielen kann, d. h. die Arbeiter müssen ausreichende Bewegungsfreiheit zum Bedienen der Maschinen haben, der Transport des Arbeitsgutes zu und von den Maschinen muß ohne Stockung vor sich gehen können, das Auswechseln von Antriebsmotoren und Maschinenteilen darf nicht durch beengte Raumverhältnisse unnötig erschwert werden — aber darüber hinaus darf es in keinem Arbeitsraum eine ungenutzte Fläche mehr geben.

Unter diesen Umständen kann man annehmen, daß in allen gleichartigen Arbeitsräumen die Höhe der Produktion annähernd proportional der Grundfläche des betreffenden Arbeitssaales ist; das bedeutet, daß die Produktion auf die Flächeneinheit bezogen immer in etwa gleich ist. Daraus kann man folgern, daß auch der Wärmeanfall durch den Kraftverbrauch der Maschinen und die Wärmeabgabe der Menschen in jedem Raum gleicher Fertigung umgerechnet auf 1 m² Grundfläche einen ganz bestimmten und immer gleichen Wert hat. Dabei muß vorausgesetzt werden, daß in jedem Falle sowohl der Kraftverbrauch als auch die menschliche Arbeit immer in gleichem Maße ausgenutzt wird.

Auf Grund dieser Gedankengänge läßt sich für jeden Arbeitsraum im Textilbetrieb, z. B. für den Flyersaal, den Ringspinnsaal, die Weberei usw., ein Zahlenwert in kcal/m²h ermitteln. In diesem Zahlenwert ist noch nicht der Wärmeeinfluß der Außenluft auf die Raumluft enthalten. Dieser Einfluß läßt sich auch nicht durch einen immer gleichbleibenden Wert erfassen, denn er ist abhängig sowohl von der Bauweise der Arbeitsräume als auch von außenklimatischen Verhältnissen; er schwankt zwischen einem höchsten Pluswert im Hochsommer und einem niedrigsten Minuswert im Winter. Dem vorhin erwähnten Zahlenwert in kcal/m²h soll der von Fall zu Fall besonders noch zu bestimmende Wärmeeinfluß der Außenluft als $\pm Q_{Al}$ hinzugefügt werden.

Der gesamte auf 1 m² Grundfläche bezogene Wärmeanfall im Arbeitssaal der Textilindustrie soll als »spezifischer Wärmeanfall« für diesen bestimmten Arbeitssaal bezeichnet werden. Dadurch ist ein vorzüglicher Vergleichsmaßstab für die Beurteilung von Arbeitsräumen im Textilbetrieb in klimatechnischer Hinsicht gegeben.

Die folgende Zahlentafel 12 enthält die Werte über den »spezifischen Wärmeanfall« der einzelnen Arbeitsräume im Textilbetrieb. Die gewählte Reihenfolge entspricht der Fertigungsfolge der Faserstoffe.

Da die folgenden Zahlen als Durchschnittswerte bei der Untersuchung mehrerer Textilwerke ermittelt wurden, darf man annehmen, daß sie allgemeine Gültigkeit für die Baumwolle und Zellwolle verarbeitende Textilindustrie haben.

Zahlentafel 12.

Arbeitsraum	Durch Kraftverbrauch freiwerdende Wärmemenge kcal/m² h	Durch Menschen freiwerdende Wärmemenge kcal/m² h	Spezifischer Wärmeanfall kcal/m² h
1	2	3	4
1. Mischraum und Putzerei	60	2	62 ± Q_{Al}
2. Batteur	125	2	127 »
3. Karden	80	2	82 »
4. Strecken	45	3	48 »
5. Flyer	70	4	74 »
6. Selfaktoren	80	2	82 »
7. Kettringspinnsaal	175	3	178 »
8. Schußringspinnsaal	160	4	164 »
9. Spulerei	60	3	63 »
10. Weberei	75	5	80 »

Zu dieser Aufstellung ist noch folgendes zu bemerken: Den Zahlen in Spalte 2 liegt der gesamte jeweilige Kraftbedarf des Arbeitssaales zugrunde. Es ist also gegebenenfalls noch die dem Eigenkraftverbrauch der Elektromotoren entsprechende Wärmemenge und die durch künstliche Kühlung abgeführte Wärmemenge in Abzug zu bringen. Das letztere trifft, wie schon gesagt, insbesondere für die Ringspinnsäle zu.

Es ist damit zu rechnen, daß der »spezifische Wärmeanfall« für Strecken, Flyer und Weberei sich in absehbarer Zeit etwas verringern wird. Für Strecken und Flyer deshalb, weil man allgemein bestrebt ist, diese Fertigungsprozesse zu vereinfachen; dadurch würde die Maschinenbesetzung in diesen Arbeitsräumen geringer und damit der Kraftverbrauch und auch der Wärmeanfall. In der Weberei wird der Anteil der durch die Menschen freiwerdenden Wärmemenge kleiner, da im Zuge der Leistungssteigerung die Anzahl der in der Weberei beschäftigten Menschen herabgesetzt wird. Dem einzelnen Weber werden mehr Webstühle als bislang zur Bedienung übergeben.

Die in Spalte 4 eingetragenen Werte des »spezifischen Wärmeanfalls« lassen außer der schon erwähnten Möglichkeit, Vergleiche zwischen verschiedenartigen Arbeitssälen in klimatischer Hinsicht anzustellen, noch zu, den Gesamtwärmeanfall in einem Arbeitssaal zu ermitteln. Man braucht dann nur die gesamte Grundfläche des Arbeitssaales mit dem »spezifischen Wärmeanfall« zu multiplizieren. Will man weiter die auf 1 m³ Rauminhalt stündlich entfallende Wärmemenge wissen, dann ist der »spezifische Wärmeanfall« durch die Raumhöhe, in den meisten Fällen beträgt sie 4 bis 5 m, zu dividieren.

G. Grundlagen zur Berechnung von Luftaufbereitungsanlagen.

Für Luftaufbereitungsanlagen in Textilbetrieben braucht man als Betriebsmittel
1. Luft,
2. Wasser,
3. Kraft,
4. Wärme.

Künstliche Kühlmittel, die in Komfortanlagen noch zur Anwendung gelangen, scheiden für die meisten Textilbetriebe aus rein wirtschaftlichen Gründen von vornherein aus.

In Abschnitt F 2 ist festgestellt worden, daß der Feuchtigkeitsaustausch in den Arbeitssälen der Textilindustrie, gemessen an dem Luftwechsel, verhältnismäßig sehr klein ist, so daß die den Räumen zugeführte Luft während der Betriebszeit praktisch keine Zunahme und keine Abnahme ihres absoluten Feuchtigkeitsgehaltes erfährt. Das ist von wesentlicher Bedeutung für die Berechnung und den Betrieb von Luftaufbereitungsanlagen. Die einem Raum zugeführte Zuluft unterliegt also lediglich einem Wärmeeinfluß.

Es muß hier eingefügt werden, daß für die vielfach üblichen Benennungen wie Frischluft, Abluft, Umluft u. a., die in den folgenden Ausführungen vorkommen, die in den »VDI-Lüftungsregeln« zur einheitlichen Verwendung empfohlenen Bezeichnungen benutzt werden sollen. In Bild 41 sind diese Bezeichnungen eingetragen worden.

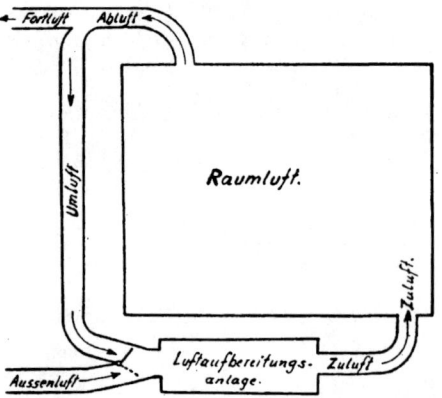

Bild 41. Bezeichnung der Luft auf dem Weg durch die Anlage.

Bei den Grundlagen zur Berechnung von Luftaufbereitungsanlagen in Textilbetrieben ist ganz besonders der große Wärmeanfall in den Arbeitsräumen in Betracht zu ziehen. Dadurch unterscheiden sich diese Anlagen sehr wesentlich von denen für Versammlungsräume und andere Industriezweige, wo der »spezifische Wärmeanfall« kleiner ist.

In der Textilindustrie sind zu jeder Jahreszeit in fast allen Betriebsabteilungen, insbesondere aber in den Ring-spinnsälen, große Mengen überschüssiger Wärme vorhanden. Diese große Wärmeentwicklung führt zu unerträglichen Temperatursteigerungen, wenn der Raumluftfrage nicht die erforderliche Beachtung geschenkt wird.

Bei richtiger Anwendung der vier vorhin erwähnten Betriebsmittel: Luft, Wasser, Kraft und Wärme, ist eine befriedigende Lösung der Raumluftfrage überall im Textilbetrieb möglich.

Luft, Wasser und Wärme stehen bei der Luftaufbereitung zueinander in gesetzmäßiger Beziehung; wir können diese physikalischen Zusammenhänge im Ix-Diagramm für feuchte Luft, welches wir früher schon in Bild 10 kennenlernten, einwandfrei verfolgen. An Hand dieses Diagramms sollen jetzt auch die Grundlagen für die Berechnung von Luftaufbereitungsanlagen für den Textilbetrieb untersucht werden.

Wir wissen, daß für jede Fertigung ein bestimmter bester Raumluftzustand, das »spezifische Raumklima«, gefordert wird. Das ist also der Endzustand der durch die lufttechnische Anlage aufbereiteten Luft. Es ist verständlich, man der Aufbereitungsanlage nun Luft möglichst in dem Zustande zuführen muß, aus dem mit den geringstmöglichen Mitteln der verlangte Endzustand entstehen soll.

Ob man nur Außenluft oder Außenluft mit einem mehr oder weniger großen Zusatz an Umluft als Betriebsluft wählen muß, ist jeweils vom Zustande der Außenluft abhängig, also jahreszeitlich bedingt. Im Hochsommer beispielsweise wird man fast restlos Außenluft nehmen. Maßgebend für das Verhältnis zwischen Außenluft und Umluft ist nicht die Lufttemperatur allein, sondern nur die Lufttemperatur in Abhängigkeit von der relativen Luftfeuchtigkeit — oder, wenn wir eine einzige Kenngröße zugrunde legen wollen, die Temperatur des feuchten Thermometers t_f bzw. die Gerade $t_f =$ konst im Ix-Diagramm.

Es ist bereits in Abschnitt C 2 gesagt worden, daß t_f die unterste Kühlgrenze der in eine Luftaufbereitungsanlage eingeführten Luft bildet, d. h. auf die Temperatur t_f kann in Luftaufbereitungsanlagen die eingeführte Betriebsluft ohne Anwendung von künstlichen Kühlmitteln abgekühlt werden, vorausgesetzt, daß das im Kreislauf geführte Betriebswasser durch innige Berührung die Luft vollständig sättigt.

Bei dieser sog. Verdunstungskühlung wird durch die erreichbare Kühlgrenze der Endzustand der Raumluft von vornherein nach physikalischen Gesetzen in engen Grenzen bestimmt. Mithin ist es also von außerordentlichem Wert, zu wissen, mit welchen Werten für t, φ und damit für t_f der zugeführten Außenluft man im Sommer rechnen muß. Denn den größten Kühleffekt erzielt man, wenn nur Außenluft zugeführt wird. Mit Umluft ist niemals eine so niedrige Kühlgrenze zu erreichen wie mit Außenluft, weil die die Luftaufbereitungsanlage verlassende Zuluft im Raum durch den »spezifischen Wärmeanfall« eine Steigerung ihres Wärmeinhaltes bei konstant bleibendem absoluten Feuchtigkeitsgehalt erfährt; dadurch wird die Kühlgrenze ($t_f =$ konst.) dieser Raum- bzw. Umluft größer. In Bild 42 ist an dem zwar für andere Zwecke eingetragenen Beispiel auch dieser Vorgang zu verfolgen.

Es fragt sich nun, welche Zustandswerte der Außenluft im Sommer man bei der Berechnung von Luftaufbereitungsanlagen zugrunde legen muß. Die Ansichten darüber gehen auseinander.

Bradtke (18) nennt für Deutschland bei einer mittleren höchsten Außentemperatur von 32° C eine relative Luftfeuchtigkeit von 40%, das ist eine Kühlgrenze von etwa $t_f = 21{,}5°$ C. Im Angebot einer Firma der Lüftungsindustrie findet man 35° C bei 25% relativer Luftfeuchtigkeit, entsprechend $t_f = 20°$ C, angegeben, während mehrere andere Firmen ihren Garantieleistungen für Klimaanlagen einen ungünstigsten Außenluftzustand im Sommer von 30° C und 30% relativer Feuchtigkeit, entsprechend $t_f = 18°$ C, zugrunde legen.

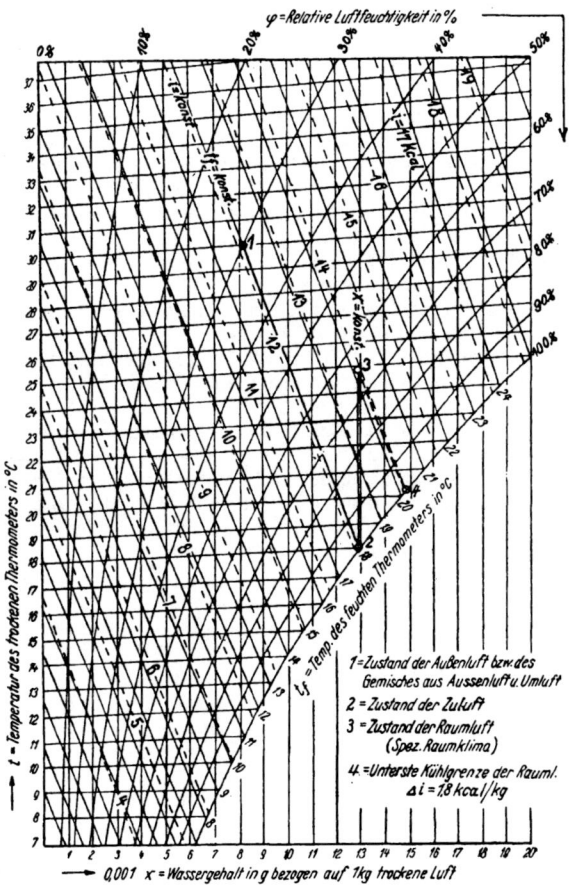

Bild 42. Beispiel für den Zustandsverlauf bei der Luftaufbereitung für einen Ringspinnsaal (Taupunktsregelung).

Es erscheint durchaus berechtigt, mit den zuletzt genannten Werten zu rechnen und sie als mittleren ungünstigsten Außenluftzustand im Sommer hinzustellen, obwohl an schwülen Gewittertagen für einige Stunden der Außenluftwert für t_f höher als 18° C liegen kann. Das sind aber Ausnahmefälle. Man muß dann eine über dem Normalen liegende Raumlufttemperatur in Kauf nehmen. Die verlangte relative Raumluftfeuchtigkeit kann in jedem Falle innegehalten werden. Die Außenluft ist dann jedoch noch unbehaglicher, und deshalb werden die Arbeitsbedingungen in den Arbeitssälen in diesen kritischen Stunden immerhin als erträglich empfunden.

Daraus ergibt sich, daß man normalerweise auch im Hochsommer die Betriebsluft in der Luftaufbereitungsanlage durch Verdunstungskühlung auf 18° C abkühlen

kann; eine höhere Temperatur ist immer, eine niedrigere sehr oft — aber bedingt durch den Außenluftzustand — zu erreichen.

Man kann also in gewissen Grenzen den Zustand, mit dem die Zuluft in den Arbeitsraum geführt werden soll, nach Wunsch bestimmen. Aus dieser Zuluft wird im Arbeitssaal die Raumluft mit Zustandswerten, die dem »spezifischen Raumklima« entsprechen sollen. Das »spezifische Raumklima« kann man aber nur dann erhalten, wenn die drei Größen

1. Zustand der Zuluft,
2. Menge der Zuluft,
3. »Spezifischer Wärmeanfall«

im richtigen Verhältnis zueinander stehen. Die Zuluft erfährt in allen Arbeitssälen der Textilindustrie eine Zustandsänderung nur durch Zufuhr von Wärme, wie wir früher schon gesehen haben. Die Zustandsänderung erfolgt also nach dem Ix-Diagramm auf einer Geraden $x =$ konst.

In Bild 42 ist der Zustandsverlauf der Betriebsluft für einen Ringspinnsaal eingetragen worden. Dieser Vorgang ist durch drei charakteristische Punkte gekennzeichnet, nämlich:

1. Zustand des Gemisches aus Umluft und Außenluft bzw. der Außenluft allein,
2. Zustand der Luft beim Verlassen der Luftaufbereitungsanlage,
3. Endzustand im Arbeitssaal (spezifisches Raumklima).

Diese drei Punkte finden wir ganz allgemein bei jeder Luftaufbereitung; dabei spielt das System der Luftaufbereitungsanlage und das »spezifische Raumklima« grundsätzlich keine Rolle (bei Anwendung übersättigter Luft kommt in gewisser Hinsicht noch ein vierter Punkt hinzu, doch davon später mehr). Durch die eben erwähnten Eintragungen in das Ix-Diagramm lassen sich auch die wesentlichsten Berechnungsgrundlagen für Luftaufbereitungsanlagen ermitteln. Untersuchen wir das einmal an dem Beispiel in Bild 42:

Der Luftaufbereitungsanlage wird Luft mit 30° C und 30% relativer Feuchtigkeit (Zustand 1) zugeführt. Durch Verdunstungskühlung wird diese Luft bei vollständiger Sättigung auf 18° C abgekühlt (Zustand 2). Dieser Vorgang vollzieht sich praktisch bei konstantem Wärmeinhalt der Luft. Die sehr geringe Abweichung von $i =$ konst., über die schon im Abschnitt C 5 gesprochen worden ist, können wir außer acht lassen.

Bei dem Übergang von Zustand 1 in Zustand 2 erhöht sich der Wassergehalt der Luft von etwa 8,2 g/kg auf 12,9 g/kg. Der sich daraus ergebende Unterschied von 4,7 g Wasser muß in je 1 kg Luft verdampft werden. Man ersieht daraus, daß Luftaufbereitungsanlagen eine sehr beachtliche Verdampfungsleistung haben, wenn man bedenkt, daß beispielsweise ein Ringspinnsaal mit etwa 25 000 Spindeln zur Aufrechterhaltung des »spezifischen Raumklimas« einen stündlichen Luftbedarf bis zu 200 000 kg hat.

Es ist von wesentlicher Bedeutung, daß diese Verdampfung und die damit verbundene Abkühlung der Luft ein physikalischer Vorgang sind, der sozusagen von selbst vonstatten geht und sich abwickelt, ohne nennenswerte Betriebskosten zu verursachen.

Aus dem Zustand 2 wird der Endzustand der aufbereiteten Luft durch Zuführung von Wärme; der Vorgang erfolgt ohne Änderung des Wassergehaltes der Luft ($x =$ konst.). Es ist früher schon darauf hingewiesen worden, daß der Feuchtigkeitsaustausch zwischen Raumluft und Faserstoffen oder umgekehrt während der Betriebszeit in den Arbeitssälen verhältnismäßig so klein ist, daß man ihn bei der Untersuchung lufttechnischer Fragen praktisch nicht zu berücksichtigen braucht.

In unserem Beispiel soll die Raumluft eine Temperatur von etwa 25° C bei einer relativen Feuchtigkeit von 65% haben. Dieser Zustand 3 entsteht aus dem Zustand 2 wenn der Wärmehalt der Luft von etwa 12,1 kcal/kg auf 13,9 kcal/kg erhöht wird. Jedem kg Luft, das dem

Arbeitssaal zugeführt werden muß, muß also eine Wärmemenge von etwa 1,8 kcal/kg hinzugefügt werden. In Räumen mit hohem »spezifischem Wärmeanfall« bereitet es keine Schwierigkeit, diese Wärmemengen aufzubringen. Im Gegenteil, es ist ein außerordentlich glücklicher Umstand, daß die naturgemäß nun einmal für den Übergang der Luft von Zustand 2 in Zustand 3 erforderliche Wärmemenge in Räumen mit hohem »spezifischem Wärmeanfall« durch überschüssige Wärme gedeckt werden kann, die sowieso lästig ist und abgeführt werden muß.

Wir haben gesehen, daß sich verschiedene Berechnungswerte aus dem Ix-Diagramm entnehmen lassen. Die weitaus wichtigste Berechnungsgröße fehlt uns aber noch; es ist die maximale Luftmenge, die jeweils für die Erhaltung des »spezifischen Raumklimas« erforderlich ist. Von ihr sind letzten Endes die Größe und die Abmessungen der Luftaufbereitungsanlagen und aller damit zusammenhängenden Teile abhängig.

Die erforderliche Luftmenge wird durch folgende Größen bestimmt:

1. spezifisches Raumklima,
2. Zustand der Luft bei Verlassen der Luftaufbereitungsanlage,
3. spezifischer Wärmeanfall,
4. Größe der Arbeitssaalgrundfläche in m².

Für die Luftmenge ergibt sich die Formel:

$$L = \frac{\text{»Spez. Wärmeanfall« · Arbeitssaalgrundfläche}}{\varDelta\,i} \text{ in kg/h,}$$

darin bedeutet $\varDelta\,i$ den Unterschied zwischen dem Wärmeinhalt der Raumluft und dem der Zuluft bei Verlassen der Luftaufbereitungsanlage. Dieser Wert $\varDelta\,i$ kann dem Ix-Diagramm entnommen werden oder nach der früher schon erwähnten Formel

$$i_{1+x} = 0,24\,t + 0,46\,xt + 595x$$

ermittelt werden.

An Hand der vorhin aufgestellten Formel über den Luftbedarf lassen sich noch einige grundsätzliche Feststellungen über Luftaufbereitungsanlagen machen.

Die Luftmenge ist verhältnisgleich dem »spezifischen Wärmeanfall«. Nun enthält aber der »spezifische Wärmeanfall« die veränderliche Größe Q_{Al}, durch die der Einfluß der Außenluft auf die Raumluft zum Ausdruck kommt. Infolgedessen muß die Luftmenge entsprechend den jahreszeitlichen Schwankungen von Q_{Al} (die täglichen Schwankungen von Q_{Al} sind verhältnismäßig klein, wie wir früher schon gesehen haben) jeweils geregelt werden. Gesetzt den Fall nun, daß Q_{Al} einen so großen negativen Wert annimmt, daß der Wärmeanfall im Arbeitssaal nicht mehr ausreicht, um die Zuluft aus dem Zustand 2 in den Zustand 3 umzuwandeln, dann muß dieses Defizit an Wärme durch zusätzliche künstliche Heizung gedeckt werden. In Räumen mit hohem »spezifischem Wärmeanfall«, — also in Ringspinnsälen und dort besonders dann, wenn sie in Hochbauten liegen — tritt dieser Fall äußerst selten ein. Aber in Räumen mit niedrigem »spezifischem Wärmeanfall« — zumal wenn es sich noch um Shedbauten handelt — ist zeitweilig ein erheblicher Aufwand an künstlicher Wärme durch Heizung nötig, wenn dem Arbeitssaal durch die Luftaufbereitungsanlage die Zuluft in gesättigtem Zustande zugeführt wird.

Hier erhebt sich nun zwangsläufig die Frage, ob es zweckmäßig ist, die den Arbeitsräumen zuzuführende Luft in den Luftaufbereitungsanlagen immer vollständig zu sättigen. Diese Frage ist von zwei verschiedenen Seiten zu untersuchen.

Zunächst ist in dieser Hinsicht an die Regelung von Luftaufbereitungsanlagen zu denken, d. h. an die Innehatung von Temperatur und relativer Feuchtigkeit der Raumluft in sehr engen Grenzen.

Wenn die Zuluft die Luftaufbereitungsanlage immer in vollständig gesättigtem Zustande verläßt, dann ist durch die Temperatur t_f im Zustande 2 von vornherein die Temperatur der Raumluft (Zustand 3) festgelegt, sofern im Arbeitssaal selbst dafür Sorge getragen wird, daß der relative

Feuchtigkeitsgehalt durch Wahl der Luftmenge oder durch die Zufuhr an Wärme auf dem verlangten Werte gehalten wird.

Der Luftaufbereitungsanlage muß Außenluft und Umluft in dem Verhältnis zugeführt werden, daß dieses Gemisch die verlangte Temperatur t_f besitzt. Das richtige Mischungsverhältnis wird dadurch erreicht, daß ein Thermostat die Zufuhr von Außenluft und Umluft regelt. Dieser Thermostat muß in der Luftaufbereitungsanlage an einer Stelle eingebaut sein, wo die Luft vollständig gesättigt ist. Die Regelung geht so vor sich, daß bei Unterschreiten des t_f-Sollwertes der Thermostat sofort eine Drosselung der Außenluftzufuhr und eine entsprechende Vergrößerung der Umluftzufuhr bewirkt. Wird dagegen der t_f-Sollwert überschritten, dann arbeitet der Thermostat in umgekehrtem Sinne. (Es wurde früher schon nachgewiesen, daß der t_f-Wert — also die Kühlgrenze — der Außenluft normalerweise immer niedriger ist als der der Umluft.) Die auf diese Weise konstant gehaltene Temperatur t_f ist der Taupunkt der Raumluft, da die Luft im Arbeitssaal praktisch keine Zu- oder Abnahme an Feuchtigkeit erfährt.

Aus der gesättigten Zuluft entsteht im Arbeitssaal der verlangte Endwert, das »spezifische Raumklima«, indem mittels eines Hygrostaten die Zufuhr der Luftmenge in dem Maße geregelt wird, daß die Raumluft durch den »spezifischen Wärmeanfall« die verlangte relative Feuchtigkeit erreicht. In dem Falle, daß der spezifische Wärmeanfall nicht ausreicht, bewirkt der Hygrostat eine Zufuhr der noch erforderlichen Wärme durch zusätzliche künstliche Beheizung der Luft. Bei konstant bleibender relativer Raumluftfeuchtigkeit muß zwangsläufig auch die Temperatur der Raumluft konstant bleiben.

Diese sog. Taupunktregelung ist physikalisch ein einfacher und klarer Vorgang, wie aus dem Ix-Diagramm (Bild 42) sehr leicht zu ersehen ist.

Der Taupunkt der Raumluft ist in charakteristischer Weise richtungweisend für den ganzen Vorgang der Luftaufbereitung:

Der Taupunkt bildet immer den Schnittpunkt der Geraden $t_f =$ konst., auf der in der Luftaufbereitungsanlage die Sättigung der Luft erfolgt, und der Geraden $x =$ konst., auf der die Zustandsänderung der Luft aus dem gesättigten Zustande in den Zustand des »spezifischen Raumklimas« vor sich geht.

Soweit die Ausführungen über die Regelung von Luftaufbereitungsanlagen in Zusammenhang mit der vorhin aufgeworfenen Frage, ob es zweckmäßig ist, die Luft vollständig zu sättigen.

Weiter bedarf es nun noch einer grundsätzlichen Klärung darüber, ob die Anwendung vollständig gesättigter Luft auch in Hinblick auf die jeweilige Größe des »spezifischen Wärmeanfalls« in den Arbeitssälen immer zweckmäßig ist.

Die zur Schaffung und Erhaltung des »spezifischen Raumklimas« erforderliche Luftmenge ist verhältnisgleich dem »spezifischen Wärmeanfall« und steht in umgekehrtem Verhältnis zu $\varDelta\,i$, wobei $\varDelta\,i$, wie schon gesagt, der Unterschied zwischen dem Wärmeinhalt der Raumluft und der gesättigten Luft ist. Es ist verständlich, daß man die Luftmenge und ebenfalls die anderen für die Luftaufbereitung erforderlichen Betriebsmittel aus wirtschaftlichen Gründen so klein wie möglich halten muß.

In Räumen mit großem »spezifischem Wärmeanfall« müssen große Luftmengen verwendet werden. Der ganze »spezifische Wärmeanfall« muß abgeführt werden und dazu kann nur Luft als Wärmeträger gebraucht werden. Die Wärmemenge, die 1 kg Luft bei der Erfüllung dieser Aufgabe aber aufnehmen und abführen kann, ist begrenzt durch den Zustand der Luft beim Verlassen der Aufbereitungsanlage und den Zustand der Raumluft, das entspricht also dem Werte $\varDelta\,i$. Je größer dieser Unterschied ist, desto mehr Wärme kann 1 kg Luft aufnehmen. Der größte Unterschied ist immer dann vorhanden, wenn die Zuluft gesättigt ist. Deshalb ist es vorteilhaft, in Räumen mit großem »spezifischem Wärmeanfall« stets eine vollständig gesättigte Zuluft zu haben.

Ganz anders aber ist es in Arbeitssälen mit niedrigem »spezifischem Wärmeanfall«.

Wenn man auch hier immer gesättigte Zuluft zuführt, dann tritt oft, besonders in den kalten Jahreszeiten, der Fall ein, daß der »spezifische Wärmeanfall« nicht ausreicht, um das »spezifische Raumklima« herzustellen. Dann muß durch zusätzliche künstliche Heizung nachgeholfen werden. Das ist jedoch möglichst zu vermeiden, weil es unwirtschaftlich ist! Eine andere Möglichkeit, in diesem Falle zum Ziele zu gelangen, besteht dann noch darin, die Luftzufuhr außerordentlich stark zu drosseln und gegebenenfalls zeitweilig ganz einzustellen. Diese Methode ist aber auch zu verwerfen. Denn es geht nicht an, in den Arbeitsräumen der Textilindustrie, an welcher Stelle es auch sein mag, einen geringeren als etwa dreifachen stündlichen Luftwechsel zu haben. (Es sei hier nebenbei bemerkt, daß der Ausdruck »stündlicher Luftwechsel« zwar sehr geläufig ist, aber in keiner Weise eine genaue Meßgröße darstellt, weil dabei doch ein großer Teil dieses Raumes durch Maschinen, Materialien, Menschen u. a. ausgefüllt wird und somit keiner Luftströmung zugängig ist.) Wenn die zugeführte Luftmenge unter die genannte Grenze sinkt, dann besteht die Gefahr, daß sich stellenweise im Arbeitssaal unerwünschte Feuchtigkeits- und Temperaturzonen der Raumluft bilden und außerdem die Beschaffenheit der Raumluft auch in gesundheitlicher Hinsicht zu wünschen übrig läßt.

So vorteilhaft auch in Räumen mit großem »spezifischem Wärmeanfall« der »Umweg« des Luftzustandsverlaufs über die Sättigungsgrenze während der Aufbereitung ist, so ungünstig ist jedoch oft die Anwendung vollständig gesättigter Zuluft für Räume mit niedrigem »spezifischem Wärmeanfall«; in diesem Falle ist also nicht mehr mit gesättigter Luft zu arbeiten. Man muß dann zwar auf die Taupunktsregelung verzichten, aber die Methode der Luftaufbereitung ohne Sättigung, deren Verlauf beispielsweise Bild 43 für einen Flyersaal zeigt, ist wirtschaftlicher. Auf die Ausführung und Regelung solcher Anlagen soll später noch eingegangen werden. Über die Anwendung übersättigter Luft, die hier noch nicht untersucht ist, aber doch außerordentlich wichtig ist, werden wir im Abschnitt H 2 ausführlich hören.

Weitere Untersuchungen zu diesem Abschnitt erübrigen sich; es sei noch auf das einschlägige Schrifttum (6, 15, 18,

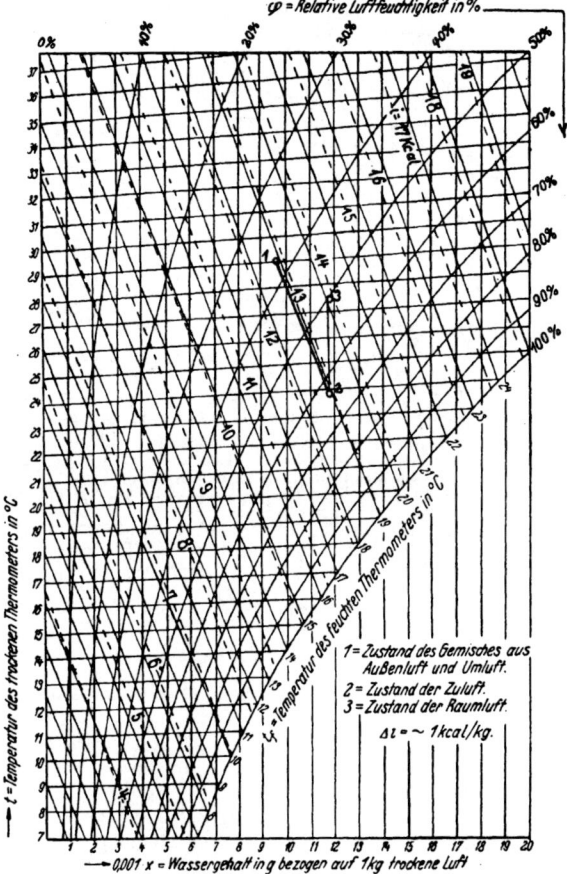

Bild 43. Beispiel für den Zustandsverlauf bei der Luftaufbereitung für einen Flyersaal ohne Sättigung der Zuluft.

22, 23) hingewiesen, insbesondere, soweit es sich um luftströmungstechnische, regeltechnische und kühltechnische Fragen handelt.

H. Beherrschung der Wärme und Feuchtigkeit im Raum.
Untersuchung an drei verschiedenartigen Luftaufbereitungssystemen.

In diesem Abschnitt sollen Methoden und Geräte untersucht werden, die zur Luftaufbereitung Verwendung finden. Durch praktische Betriebsergebnisse soll nachgewiesen werden, mit welchen Mitteln die Raumluftfrage im Textilbetrieb befriedigend gelöst werden kann und mit welchen sie nicht zu lösen ist.

Es muß vorausgeschickt werden, daß die Aufgabe dieser Ausführungen nicht darin bestehen soll, eine möglichst große Anzahl von verschiedenartigen bekannten Luftaufbereitungsanlagen zu untersuchen. Es soll hier vielmehr nur ein Überblick über die in den untersuchten Textilbetrieben vorhandenen Anlagen gegeben und die darüber in mehreren Jahren gemachten Erfahrungen und Betriebsmessungen mitgeteilt werden. Da aber die vorhandenen Anlagen verschiedenen der in Abschnitt B 2 erwähnten Gruppen angehören, wird durch die folgenden Ausführungen doch ein allgemeines Bild über das gesamte Gebiet der Luftaufbereitung in der Textilindustrie entstehen.

Die Beherrschung der Wärme und Feuchtigkeit im Arbeitssaal, also die Erhaltung des »spezifischen Raumklimas« setzt eine richtige Lenkung des Einflusses und Zustandes der Außenluft und des »spezifischen Wärmeanfalls« voraus.

Wir haben bei früheren Untersuchungen (Abschnitt E) gesehen, daß die starken Schwankungen des Außenluftstandes sich nur in ganz geringem Maße auf den Luftzustand in den Betriebsräumen auswirken. In den warmen Jahreszeiten haben wir deshalb innerräumliche Luftverhältnisse, die oft dem »spezifischen Raumklima« einiger Abteilungen dann sehr nahe kommen, wenn der »spezifische Wärmeanfall« nicht wesentlich als Störungsquelle zur Geltung kommt. Das ist der Fall in Arbeitsräumen, die einen niedrigen »spezifischen Wärmeanfall« (s. Zahlentafel 12) haben und in denen die relative Raumluftfeuchtigkeit etwa 50% betragen soll.

Ein ausgezeichnetes Beispiel aus der Praxis über diese außen- und innenklimatischen Verhältnisse ist in den Bildern 25 und 44 niedergeschrieben. Bild 25 zeigt den Zustandsverlauf der Außenluft während einer Augustwoche; in Abschnitt E 1 ist darauf bereits näher eingegangen worden. Diesen Außenluftwerten sind nun in Bild 44 die zu gleicher Zeit in einem Strecken- und Flyersaal aufgezeichneten Temperatur- und relativen Feuchtigkeitswerte der Raumluft gegenübergestellt. Während der ganzen Woche ist die Luftaufbereitungsanlage nicht in Betrieb gewesen und doch ist der Zustandsverlauf der Raumluft sowohl in textiltechnischer Hinsicht als auch für die Gesundheit der Arbeiter durchaus zufriedenstellend. Dieses Ergebnis kann aber nur erzielt werden, weil

1. die Außenluft einen in engen Grenzen schwankenden absoluten Feuchtigkeitsverlauf hat, der bei etwa 25°C dem verlangten relativen Feuchtigkeitsgehalt entspricht,

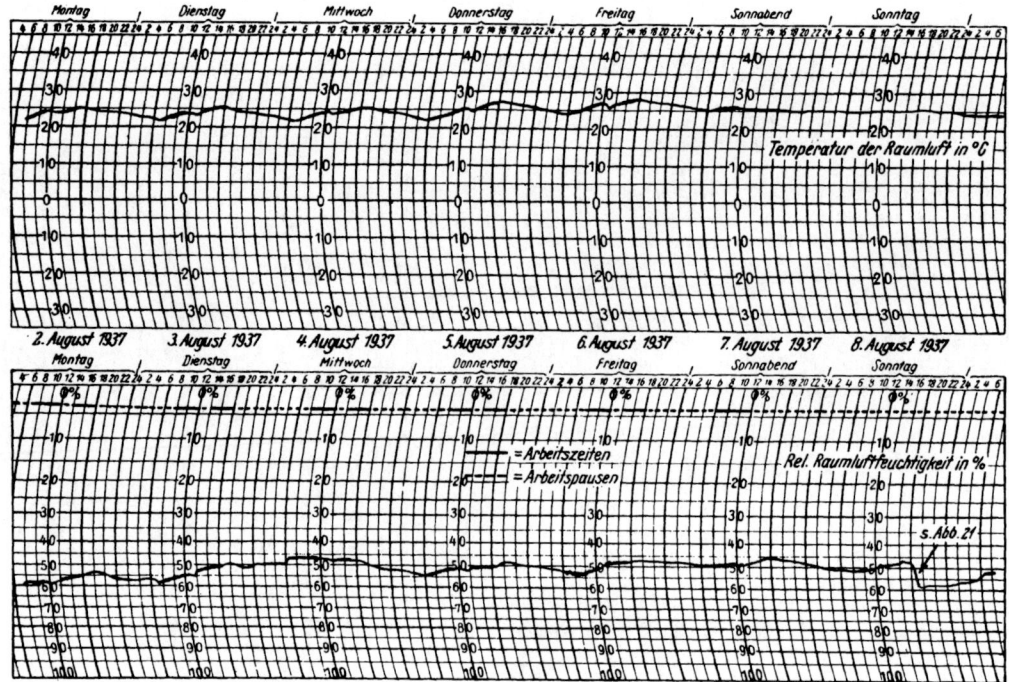

Bild 44. Zustandsverlauf der Raumluft ohne künstliche Luftaufbereitung im Strecken-Flyersaal (s. hierzu Bild 25).

2. der »spezifische Wärmeanfall« in dem untersuchten Arbeitssaal mit einem Durchschnittswert von etwa 60 kcal/m²h verhältnismäßig klein ist,

3. durch den Luftbedarf des angrenzenden Batteursaales dem Strecken- und Flyersaal Luft entnommen wird, so daß hier die Luft drei- bis viermal in der Stunde erneuert wird,

4. der Arbeitssaal im Erdgeschoß eines Hochbaues liegt und durch die Speicher- und Isolierwirkung der Gebäudeteile — unterstützt durch die Arbeitspausen — die außenklimatischen Einflüsse weitgehendst überbrückt und abgeschwächt werden.

Unter solchen und ähnlichen Verhältnissen kommt man tatsächlich ohne eine Luftaufbereitungsanlage aus. Aber das kann eine Dauerlösung aus dem Grunde schon nicht sein, weil der absolute Feuchtigkeitsgehalt der Außenluft in den kalten Jahreszeiten so klein ist, daß er nicht ausreichen wird, um den relativen Feuchtigkeitsgehalt der Raumluft in den Grenzen zu halten, die verlangt werden. Man muß dann die Raumluft auf künstliche Weise befeuchten. In den nächsten Abschnitten sollen Mittel und Geräte, die der Luftaufbereitung im Textilbetriebe dienen, untersucht werden.

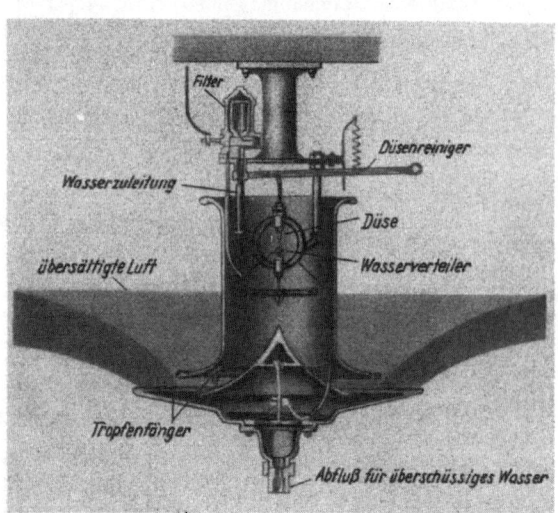

Bild 45. Luftbefeuchter (Emil Mertz, Basel).

1. Einzelluftbefeuchter (Emil Mertz, Basel).

a) Aufbau und Wirkungsweise.

Bei diesem Befeuchter handelt es sich um ein Gerät, das bereits vor drei bis vier Jahrzehnten hergestellt wurde und heute noch an verschiedenen Stellen im Textilbetrieb anzutreffen ist. Das zeugt davon, daß es sich — wenigstens unter bestimmten Bedingungen — als brauchbar erwiesen hat.

Dieser Einzelluftbefeuchter — Bild 45 zeigt ihn im Schnitt — wird mit Druckwasser von 8 bis 9 atü betrieben. Das Wasser gelangt durch einen Filter in die Zuleitung und strömt dann durch einen Hohlring zu einer Düse. Der aus der Düse austretende Wasserstrahl trifft auf einen stufenförmig abgesetzten Verteilungskegel, wird dadurch zerstäubt und nimmt die Form der Mantelfläche eines Kegels an. Dieser Wasserkegel durchströmt den zylindrischen Teil des Befeuchters und saugt durch Injektorwirkung Umluft aus dem Raum durch die obere Öffnung des Gerätes an. Das Luft-Wassergemisch verläßt durch einen gewölbten Durchlaß das Gerät und gelangt ringförmig in den Arbeitssaal. Besonders geformte Bleche wirken als Tropfenfänger und halten das überschüssige Wasser zurück. Das überschüssige Wasser wird durch eine Rohrleitung einem Filter zugeführt. In diesem Filter — als Filtermasse hat sich Holzwolle am besten bewährt — wird das Betriebswasser von dem aus der Umluft ausgeschiedenen Faserflug und Textilstaub befreit. Dann wird dieses Wasser unter Zusatz von soviel Frischwasser, wie beim Befeuchtungsvorgang an die Luft abgegeben wird, wieder dem Luftbefeuchter durch eine Pumpe zugeführt. In diesem Sinne vollzieht sich der Vorgang ununterbrochen im Kreislauf. Der Befeuchtungsgrad der Raumluft muß durch ein Drosselventil in der Druckwasserleitung von Hand geregelt werden.

Die Düse des Befeuchters ist mit einem Düsenreiniger ausgerüstet. Bei etwaigen Verstopfungen kann man mit einer an einem Hebel befestigten Nadel die Düse durchstoßen und wieder brauchbar machen. Ebenfalls ist es möglich, den kleinen Filter am Befeuchter selbst durch Betätigung eines Dreiwegehahns mittels Druckwasser von leichten Schmutzteilchen zu reinigen.

Die Befeuchter werden dicht unter der Decke des Arbeitssaales befestigt. Die Verteilung erfolgt so, daß jedem Gerät eine Arbeitssaalgrundfläche von etwa 50 m² zukommt (Bild 46).

b) Betriebserfahrungen.

Der Befeuchter von Mertz arbeitet lediglich mit Umluft; Außenluft wird dem Gerät nicht zugeführt. Dadurch ist seine Anwendungsmöglichkeit von vornherein stark eingeschränkt und auch nur unter ganz bestimmten Bedingungen gegeben.

Für eine Berechnung dieser Befeuchter müssen die Wassermengen bekannt sein, die der Raumluft zugeführt werden; außerdem muß man wissen, wie hoch der natürliche oder künstliche Luftwechsel des Arbeitssaales ist. Das läßt sich zahlenmäßig nicht leicht ermitteln; deshalb läßt sich auch eine genaue Berechnung kaum durchführen. Die Brauchbarkeit dieser Befeuchter muß in erster Linie die Erfahrung ergeben.

Die Luft verläßt das Gerät in übersättigtem Zustande. Über Messungen, durch die der Grad der Übersättigung bestimmt werden kann, soll in Abschnitt H 2 b gesprochen werden.

In vielen Textilbetrieben bewahrt man Garnvorräte einige Zeit in Kellerräumen auf, bevor sie in die Weberei gelangen. Man macht das, damit das Garn durch Feuchtigkeitsaufnahme die für den Webvorgang erforderlichen Eigenschaften bekommt. In diesen Räumen, die praktisch weder inneren noch äußeren Wärmeeinflüssen unterliegen, kann man mit gutem Erfolge die Einzelbefeuchter von Mertz anwenden, um hin und wieder die Luftfeuchtigkeit zu korrigieren.

In Fertigungsräumen aber, in denen der »spezifische Wärmeanfall« den Zustand der Raumluft beeinflußt, sind diese Befeuchter für die Luftaufbereitung nur dann brauchbar, wenn zusätzlich noch auf andere Weise für einen mehrfachen stündlichen Luftwechsel gesorgt wird. Das kann durch Einbau von Lüftern geschehen oder durch einen betriebsbedingten Umstand, wie wir ihn bereits zu Anfang dieses Abschnittes (S. 37) kennengelernt haben.

Während dort, jahreszeitlich bedingt, ohne Luftbefeuchtung ein zufriedenstellender Raumluftzustand erzielt werden konnte, sehen wir in Bild 47b das Ergebnis der Anwendung von Einzelbefeuchtern in demselben Arbeitssaale. In diesem Strecken-Flyer-Saal entsteht, wie schon erwähnt, durch den Luftbedarf des angrenzenden Batteursaales eine ausreichende Lufterneuerung. Im Winter aber ist der absolute Feuchtigkeitsgehalt der Außenluft so klein, daß bei Erwärmung

Bild 46. Mertz-Einzelluftbefeuchter in einem Flyersaal.

dieser Luft auf die erforderliche Raumlufttemperatur niemals die relative Feuchtigkeit, die für die Fertigung nötig ist, ohne künstliche Befeuchtung erreicht werden kann, wie es in den Bildern 47 a und 47 b zum Ausdruck kommt. Der Meßstreifen Bild 47 a zeigt uns den Verlauf des Außenluftzustandes einer Winterwoche. Auf eine eingehende Besprechung dieses, sowie auch später noch einzufügender Meßstreifen muß verzichtet werden; das erübrigt sich auch, weil die charakteristischen Merkmale dieser Aufzeichnungen unter Zuhilfenahme des Ix-Diagramms (Bild 10) ohne nähere Erklärungen zu finden und zu erkennen sind.

Unter den geschilderten Verhältnissen kann man in dem Strecken-Flyer-Saal mit den Einzelbefeuchtern von Mertz auskommen und einen Raumluftzustand erzielen, bei dem in textiltechnischer Hinsicht keine Schwierigkeiten im Arbeitsvorgang zu befürchten sind. In dieser Betriebs-

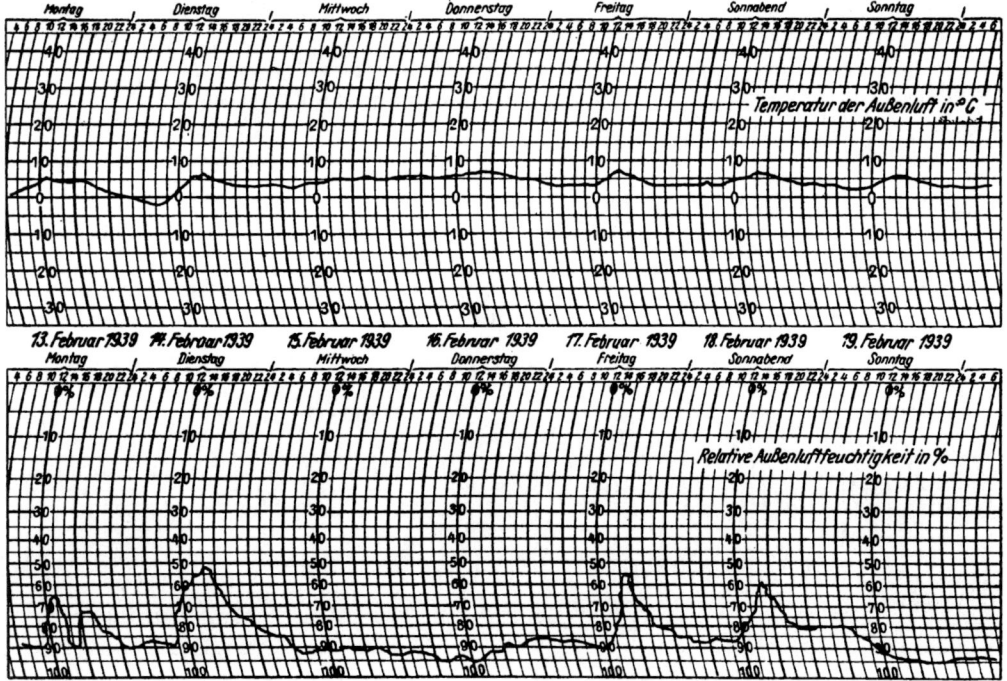

Bild 47 a. Außenluftkurve während einer Woche (s. hierzu Bild 47 b, c u. d).

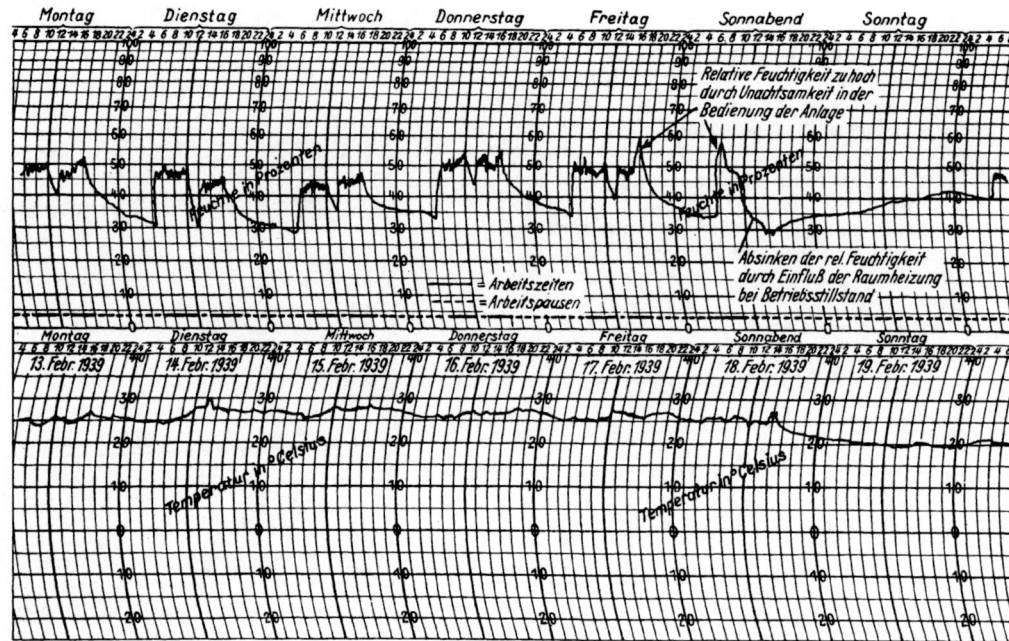

Bild 47 b. Zustandsverlauf der Raumluft im Strecken-Flyersaal. Werk I, Spinnerei. Altbau (Hochbau). (S. hierzu Bild 47a.)
Luftaufbereitung durch Mertz-Einzelluftbefeuchter.

abteilung darf die relative Luftfeuchtigkeit nicht unter 40% (Bestwert = 50/55%) absinken, da sonst sehr leicht durch elektrostatische Aufladungen des Fasermaterials Störungen entstehen können. Man versucht diesem Übelstande heute zwar auch auf andere Weise, durch Anwendung sog. Ionisatoren, entgegenzutreten, doch ist diese Methode für die Praxis noch nicht reif geworden (24).

Wenn man den Mertz-Befeuchtern auch einen gewissen Wert zuerkennen muß, so ist doch zu sagen, daß mit ihnen keine ideale Lösung zu erzielen ist, wie auch aus Bild 47b zu ersehen ist. Für andere als die genannten Zwecke sind sie im Textilbetrieb nicht zu verwenden. Aus diesem Grunde braucht man diesen und ähnlichen Einzelbefeuchtern auch heute keine große Beachtung mehr zu schenken.

2. Universalluftbefeuchtungssystem (Schulze und Schultz) Dresden.

a) Aufbau und Wirkungsweise.

Eine weit größere Bedeutung als die vorhin untersuchten Geräte haben die sog. Universalluftbefeuchtungsanlagen von Schulze und Schultz für die Lösung der Raumluftfrage im Textilbetrieb. Die Luftbefeuchtung und Bewegung beruht hier zwar auf demselben Prinzip — der Injektorwirkung von Zerstäubungsdüsen, die mit Druckwasser gespeist werden —, aber durch eine ganz andere Konstruktion wird die Verwendungsmöglichkeit wesentlich gesteigert.

Den Aufbau dieser Luftbefeuchtungsanlage zeigt Bild 48. Ein langes Rohr, je nach Raumgröße bis zu einer Länge

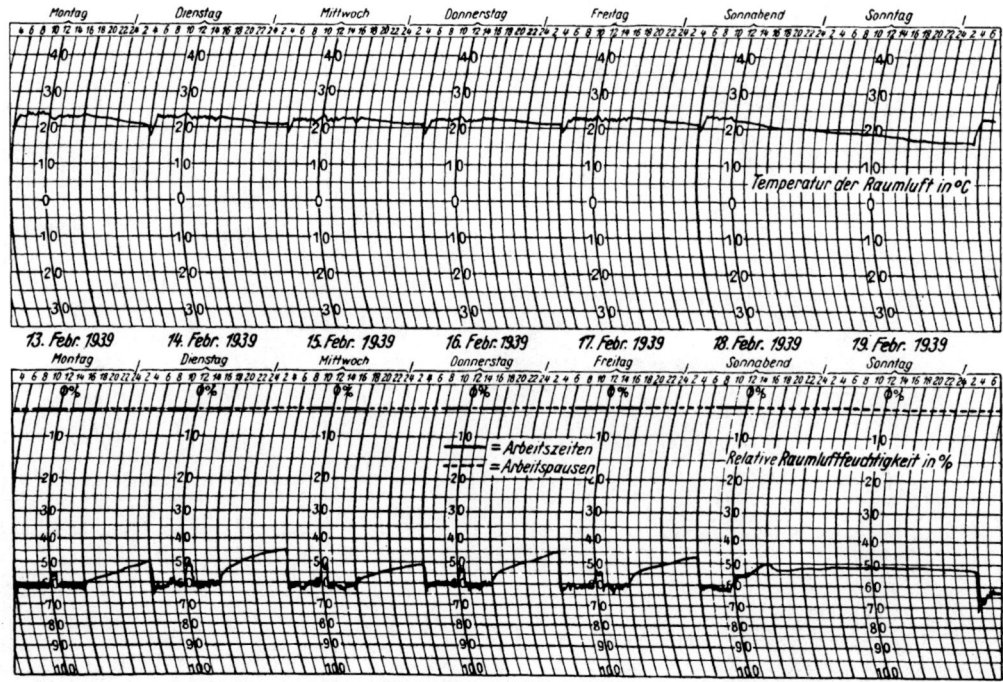

Bild 47 c. Zustandsverlauf der Raumluft in einem Ringspinnsaal (Hochbau). Luftaufbereitung durch eine Klimaanlage
(Lufttechnische Gesellschaft, Stuttgart). S. hierzu Bild 47 a u. 47 d.

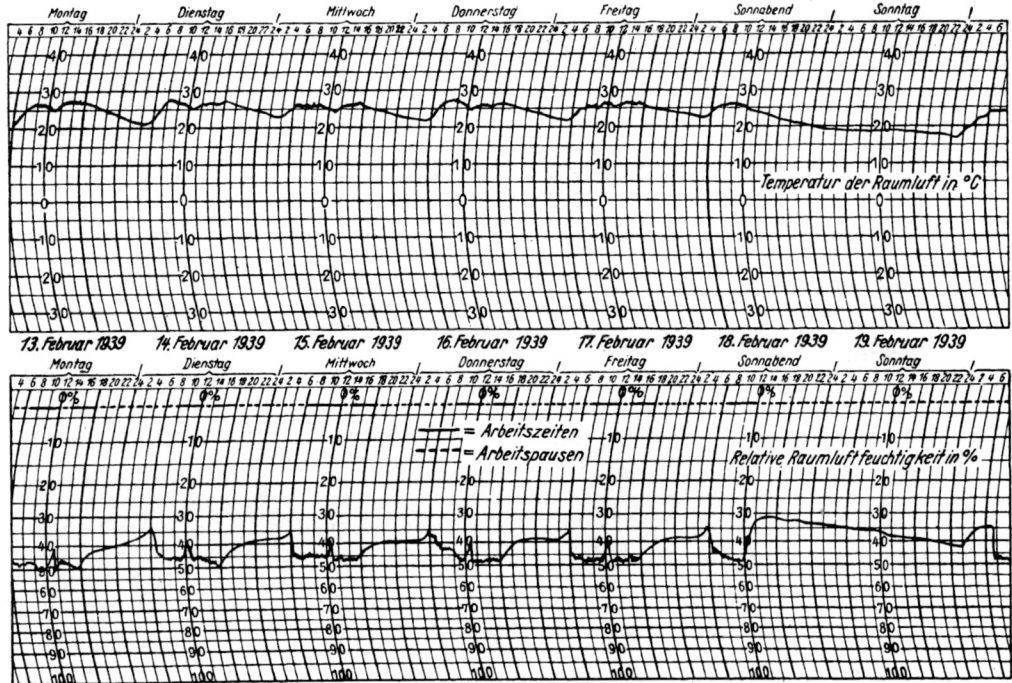

Bild 47d. Zustandsverlauf der Raumluft in einem Flyersaal, erzielt ausschließlich durch Belüftung mit Fortluft aus einem klimatisierten Ringspinnsaal (Bild 47c). (S. hierzu Bild 47a u. 47c.)

von 30 m dient zur Befeuchtung von Außen- oder Umluft und zur Verteilung der aufbereiteten Luft im Arbeitssaal (Bild 49). Bei den größten Anlagen hat das Rohr einen Durchmesser von 700 mm und verjüngt sich bis zum Ende auf etwa 400 mm Dmr. Mit dem weiten Ende steht das Rohr durch die Umfassungsmauer (oder wo das nicht möglich ist, durch das Dach) des Arbeitssaales mit der Außenluft in Verbindung und durch einen Stutzen, der seitlich in den Rohrmantel eingesetzt ist, mit der Raumluft (Bild 50).

Im Inneren des Rohres befinden sich (s. Bild 48) je nach Leistung drei oder fünf Wasserzerstäubungsdüsen. Eine dieser Düsen, die sog. Ventilationsdüse, zeichnet sich durch besonders große Luftförderleistung aus. Regelventile ermöglichen die wahlweise Benutzung der Düsen und damit die Regelung der Luftleistung in gewissen Grenzen. Die aus den Düsen kegelförmig ausströmenden Wassermengen saugen durch Injektorwirkung Außen- oder Umluft an. An der Unterseite ist das Rohr auf seiner ganzen Länge vom Tropfenabscheider an offen. Aus dieser Öffnung tritt die aufbereitete Luft, durch die unter dem Rohr befindliche V-förmige Tropfwasserrinne nach beiden Seiten abgelenkt, in den Arbeitssaal. In der Tropfwasserrinne wird alles überschüssige, nicht von der Luft aufgenommene Wasser aufgefangen und durch die Rücklaufleitung zum Filter und zur Pumpe geleitet. Der Wasserkreislauf ist derselbe wie

Bild 49. Luftverteilungsrohr mit Tropfwasserrinne eines Universal-Luftbefeuchtungsgerätes von Schulze u. Schultz.

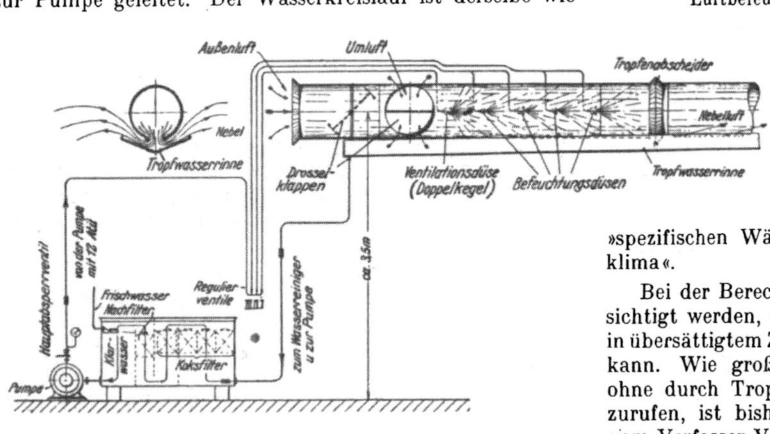

bei Mertz-Befeuchtern. Der Wasserdruck soll 12 atü betragen. Durch Versuche wurde festgestellt, daß für je 1000 m³/H Luftleistung ein Wasserbedarf von etwa 350 l/h erforderlich ist.

Die Anzahl und Größe der Befeuchtungsgeräte, die für einen Arbeitssaal vorzusehen sind, richtet sich nach dem »spezifischen Wärmeanfall« und dem »spezifischen Raumklima«.

Bei der Berechnung dieser Anlagen muß jedoch berücksichtigt werden, daß die aufbereitete Luft, also die Zuluft, in übersättigtem Zustande, dem Arbeitssaal zugeführt werden kann. Wie groß der Grad der Übersättigung sein darf, ohne durch Tropfenbildung im Betriebe Anstände hervorzurufen, ist bisher nicht untersucht worden. Deshalb sind vom Verfasser Versuche durchgeführt worden, die darüber

Bild 48. Luftbefeuchtungsanlage (Schulze u. Schultz, Dresden).

Bild 50. Universal-Luftbefeuchtungsgerät (Schulze u. Schultz). Düsenrohr mit Umluftklappe. Im Hintergrund ist der elektromotorisch angetriebene Umluft-Vorwärmer zu sehen.

Aufschluß geben. Bild 51 zeigt schematisch die Versuchsanordnung. Dazu noch folgende Erläuterung:

Dem Luftverteilungsrohr der Befeuchtungsanlage entweicht die aufbereitete Luft in sichtbarer Form als Nebelluft. Die Luft muß also Wasser in flüssigem Zustande enthalten. Damit ist aber nicht gesagt, daß bereits aus diesen Wassermengen zahlenmäßig ein Rückschluß auf den Grad der Übersättigung gezogen werden kann. Denn als Träger flüssigen Wassers kann auch ungesättigte Luft dienen, d. h. in dem vorliegenden Falle braucht die Luft nicht gesättigt zu sein und kann doch Wasser in flüssiger Form mitführen. Es kommt also darauf an, festzustellen, wieviel Wasser die Luft über den gesättigten Zustand hinaus noch enthält. Gesättigt ist die Luft nur dann, wenn die Temperatur des feuchten Thermometers gleich der Temperatur des trockenen Thermometers ist. Dies ist bei der Herstellung der Meßeinrichtung beachtet worden.

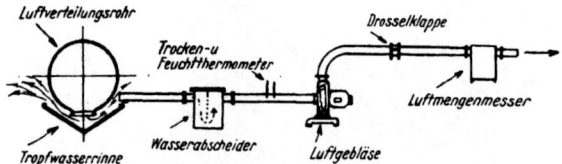

Bild 51. Versuchseinrichtung zur Bestimmung des Übersättigungsgrades der in Schulze u. Schultz-Anlagen aufbereiteten Luft.

Die Bestimmung des Übersättigungsgrades geht so vor sich (Bild 51), daß ein Gebläse die aufbereitete Luft mit derselben Geschwindigkeit ansaugt, mit der sie zwischen Verteilungsrohr und Tropfwasserrinne in den Raum entweicht. In einem Wasserabscheider wird das über den Sättigungspunkt hinaus in der Luft vorhandene Wasser zurückgehalten; dabei ist vorauszusetzen, daß Trocken- und Feuchtthermometer gleiche Werte anzeigen. Das ist durch zweckentsprechende Ausgestaltung des Wasserabscheiders zu erreichen. Der Gewichtsunterschied des Wasserabscheiders vor und nach dem Versuch entspricht der Wassermenge, die die angesaugte Luft, deren Menge durch den Luftmengenmesser festgestellt wird, über die Sättigung hinaus mitgeführt hat.

Die Versuche haben ergeben, daß der Grad der Übersättigung etwa 1,5 g/kg, also 1,5 g Wasser in 1 kg Luft, betragen kann.

Unter Berücksichtigung dieses Wertes sollen jetzt noch kurz die physikalischen Grundlagen für die Berechnung

der Luftbefeuchtungsanlagen von Schulze und Schultz untersucht werden.

Diese Zusammenhänge werden am besten verständlich an Hand des Ix-Diagramms. Das Beispiel in Bild 52 zeigt eine Gegenüberstellung des Zustandsverlaufs der Luft bei Aufbereitung

1. mit gesättigter Luft und
2. mit 1,5 g/kg übersättigter Luft.

Die Luft, die der Befeuchtungsanlage zugeführt wird, hat in beiden Fällen eine Temperatur von 30° C und eine relative Feuchtigkeit von 30%, das entspricht $t_f = 18°$ C. Die aufbereitete Luft soll als Endwert eine relative Feuchtigkeit von 70% ebenfalls in beiden Fällen haben.

In der Luftaufbereitungsanlage wird aus dem Anfangszustand 1 der Luft bei voller Sättigung und einer Temperatur von 18° C der Zustand 2. Wenn in diesem Zustand die aufbereitete Luft in den Arbeitssaal geleitet wird, dann entsteht eine Raumluft mit dem Zustand 3. In diesem Zustande ist bei der verlangten relativen Feuchtigkeit von $\varphi = 70\%$ die Raumlufttemperatur $t = 23,6°$ C.

Wenn nun aber im Zustande 2 noch mit 1,5 g Wasser/1 kg Luft übersättigt wird, wie es bei Befeuchtungsanlagen von Schulze und Schultz der Fall sein kann, dann nimmt die Zuluft den Zustandsverlauf über Zustand 4 zum Endzustand 5 (Raumluft). Der Vorgang der Übersättigung erfolgt bei $t = $ konst., da normalerweise das Betriebswasser die Temperatur t_f, im vorliegenden Falle also 18° C, hat. In dem übersättigten Zustande 4 gelangt die Zuluft aus der Luftaufbereitungsanlage in den Arbeitssaal. Von nun an bleibt der Wassergehalt der Luft x konstant. Durch Wärmezufuhr aus dem Arbeitssaal verdampft zunächst bei ansteigender Temperatur das Überschußwasser, bis die Sättigungslinie ($\varphi = 100\%$) erreicht wird. Das tritt ein bei einer Temperatur von $t = t_f = 19,7°$ C. Durch weitere Wärmebindung im Raum entwickelt sich der Raumluftzustand 5 mit der verlangten relativen Raumluftfeuchtigkeit von 70%; die Raumlufttemperatur hat dabei einen Wert von 25,5° C.

Die Gegenüberstellung der beiden verschiedenartigen Luftaufbereitungen weist zwei besonders charakteristische Merkmale auf. Das sind:

1. Der Unterschied des Wärmeinhaltes der Luft im Anfangs- und Endzustand bei Anwendung gesättigter und übersättigter Luft,
2. der verschiedene Wert der Raumlufttemperatur (Zustand 3 und 5) bei gleicher relativer Feuchtigkeit bei Anwendung gesättigter und übersättigter Luft.

Der Unterschied des Wärmeinhaltes der Luft zwischen Zustand 1 und Zustand 3 ist bei Anwendung gesättigter Luft $\Delta i_s = 1,4$ kcal/kg. Der entsprechende Unterschied zwischen Zustand 1 und Zustand 5 ist dagegen bei Anwendung übersättigter Luft $\Delta i_{\ddot{u}s} = 2,7$ kcal/kg. Statt 1,4 kcal bei gesättigter Luft werden bei übersättigter Luft 2,7 kcal Wärme im Arbeitssaal von 1 kg zugeführter Luft gebunden, bevor der Endzustand erreicht wird.

Wir wissen aus der in Abschnitt G aufgestellten Formel (S. 36) über den Luftbedarf für die Herstellung des »spezifischen Raumklimas«, daß der jeweilige Wert Δi in umgekehrtem Verhältnis zum Luftbedarf steht. Je größer der Wert Δi ist, desto kleiner ist also der erforderliche Luftbedarf.

Das ist von wesentlicher Bedeutung für die Planung von Luftaufbereitungsanlagen. Denn nach dem Luftbedarf richtet sich die Größe der Luftaufbereitungsanlage, und ebenfalls sind davon die späteren ständigen Betriebskosten abhängig.

Zu dem vorhin angeführten zweiten Punkt ist zu sagen, daß bei Anwendung übersättigter Luft die Raumtemperatur stets größer ist als bei Anwendung gesättigter Luft, unter sonst gleichen Bedingungen. Und zwar ist dieser Temperaturunterschied um so größer, je niedriger die verlangte relative Raumluftfeuchtigkeit ist. Während dem Temperaturunterschied bei hohem relativen Luftfeuchtigkeitsgehalt wenig Beachtung geschenkt zu werden braucht (in dem

Beispiel in Bild 52 beträgt er 1,9° C), spielt er jedoch bei niedrigeren relativen Feuchtigkeitswerten oft eine wesentliche Rolle. Dabei ist nicht allein der absolute Temperaturunterschied ausschlaggebend, sondern vielmehr, in welchem Raumlufttemperaturbereich dieser Unterschied in Frage kommt.

Als Ergebnis dieser nach Bild 52 vorgenommenen Untersuchungen ist festzustellen, daß dann, wenn die Raumluft einen hohen relativen Feuchtigkeitsgehalt haben muß, die Anwendung übersättigter Luft Vorteile bietet.

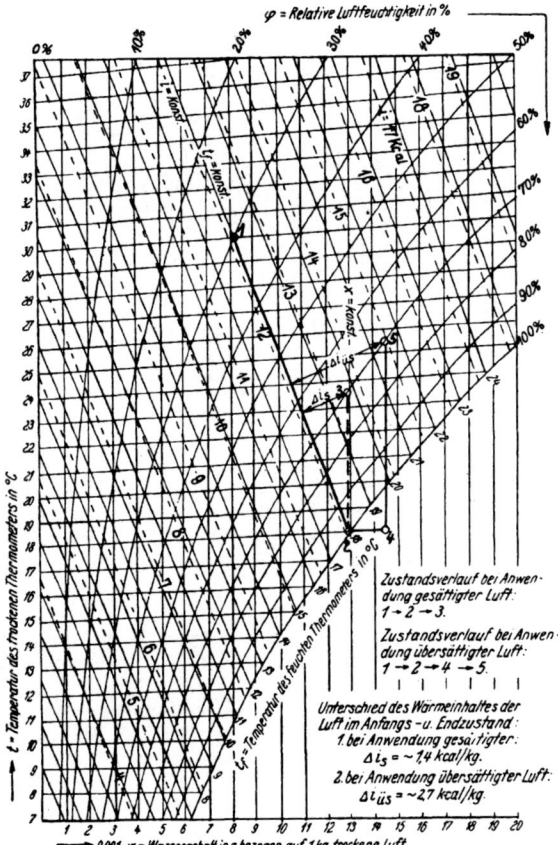

Bild 52. Beispiel für den Zustandsverlauf der Luft bei Aufbereitung mit gesättigter und mit 1,5 g/kg übersättigter Luft. Endwert der relativen Luftfeuchtigkeit $\varphi = 70\%$ für beide Fälle.

b) Betriebserfahrungen.

Das Luftverteilungsrohr mit der darunter befindlichen Tropfwasserrinne bilden strömungstechnisch eine gute Lösung. Messungen haben ergeben, daß die austretende Luft über die ganze Länge Zustandswerte mit nur ganz geringfügigen Abweichungen voneinander hat. Deshalb bewähren sich die Anlagen von Schulze und Schultz auch bei der künstlichen Beheizung von Arbeitsräumen. Die Luftheizung ist mit dem Verteilungsrohr der Befeuchtungsanlage verbunden. An der der Raumluftklappe (Bild 48 und 49) gegenüberliegenden Seite des Verteilungsrohres führt ein Lüfter Umluft zu, die vorher in einem dampf- oder heißwassergespeisten Lufterhitzer erwärmt wird.

Da die Luftbewegung bei den Luftbefeuchtungsanlagen von Schulze und Schultz durch Wasser entsteht, ist eine Belüftung des Arbeitsraumes ohne Befeuchtung nicht möglich. Wenn auch eine gewisse Regelung durch die Drosselventile der Düsen erzielt werden kann, so geschieht das doch in sehr engen Grenzen. Wenn die Befeuchtung der Luft wesentlich eingeschränkt wird, dann hört die Luftbewegung praktisch auf. Das ist ein Nachteil.

Um diesen Nachteil in etwa auszuschalten, sind in den Arbeitsräumen, in denen nicht schon durch betriebsbedingte Vorgänge ein mehrfacher stündlicher Luftwechsel erzielt

wird, zusätzlich Lüfter eingebaut worden, die Luft aus den Arbeitssälen ansaugen und als Fortluft ins Freie fördern. Es hat sich als zweckmäßig erwiesen, diese Fortluft möglichst niedrig im Raum, höchstens bis 1,5 m über Fußboden, zu erfassen und abzuführen. Nur diese Luftführung ist grundsätzlich für alle Textilbetriebe richtig. Denn durch diese Luftführung von oben nach unten wird

1. die den Luftaufbereitungsanlagen entströmende Luft zwangläufig an den Stellen vorbeigeführt, wo die Fertigung der Textilien vor sich geht,
2. wesentlich dazu beigetragen, daß Textilstaub und Faserflug nicht im Raum emporsteigen können, sondern von der Entstehungsstelle auf dem kürzesten Wege abgeführt werden.

In den untersuchten Arbeitsräumen sind Lüfter in den Leistungen gewählt worden, daß durch sie ein mindestens vierfacher stündlicher Luftwechsel möglich ist.

Zur Erzielung des »spezifischen Raumklimas« sind an den Befeuchtungsanlagen verschiedene Regelmöglichkeiten vorhanden. Durch wahlweise Verstellung der Drosselklappen kann Außenluft oder Umluft oder auch Außen- und Umluft gleichzeitig zugeführt werden. Die Regelung der Düsenventile ist schon erwähnt worden. Außerdem kann auch in Verbindung mit der Luftbefeuchtung die Luftheizung in Betrieb genommen werden. Alle diese Regeleinrichtungen müssen von Hand bedient werden. Welche Ergebnisse damit zu erzielen sind, soll an einigen Meßstreifen gezeigt werden, die aufgeschriebene Temperatur- und Feuchtigkeitswerte aus drei verschiedenartigen Arbeitssälen enthalten.

In Bild 53b haben wir den Zustandsverlauf der Raumluft in einem Flyersaal während einer Winterwoche. Während der Arbeitszeiten zeigen sowohl Raumtemperatur als auch relative Feuchtigkeit einen durchaus zufriedenstellenden Verlauf. Wie ungünstig die Werte der relativen Feuchtigkeit in dieser Jahreszeit ohne Luftbefeuchtung werden können, kommt sehr klar in den Arbeitspausen zum Ausdruck, in denen nur die Heizungsanlage in Betrieb ist.

Ein ebenfalls verhältnismäßig günstiges Ergebnis zeigen auch die Bilder 54b und 55b. Es handelt sich hier um die Aufzeichnungen aus einer Spulerei, die in einem Shedbau liegt. Trotz größter Gegensätze der Außenluftwerte von Sommer und Winter haben die Kurven der relativen Raumluftfeuchtigkeit in beiden Meßstreifen eine einander sehr ähnliche Charakteristik. Am wenigsten gleichmäßig ist die Kurve der Raumlufttemperatur in 55b; sie folgt, wenn auch in abgeflachter Form, dem Rhythmus der Außenlufttemperatur. Das ist in erster Linie darauf zurückzuführen, daß der Arbeitssaal in einem Shedbau liegt. Bei dieser Bauweise ist die Raumluft in stärkerem Maße außenklimatischen Einflüssen ausgesetzt als im massiven Hochbau. Aber dennoch liegen die Höchstwerte der Raumlufttemperatur in durchaus annehmbaren Grenzen.

Anders ist es mit dem Ergebnis der in Bild 55c aufgezeichneten Messungen; sie zeigen die Wirkungsweise der Befeuchtungsanlage eines in einem Hochbau gelegenen Schuß-Ringspinnsaales. Die Raumlufttemperatur hat unzulässig hohe Werte. Hier ist es nicht möglich, mit der vorhandenen Luftbefeuchtungsanlage den Wärmeanfall im Arbeitssaal zu beherrschen. Im Laufe der Arbeitszeit steigt die Raumtemperatur stetig an. Durch die Wärmespeicherung der Gebäudeteile wird verhindert, daß der Temperaturanstieg nicht noch schneller erfolgt. Aus dem Verlauf der Kurve ist darauf zu schließen, daß sich der Temperaturanstieg ohne Arbeitsunterbrechung, also im Mehrschichtenbetrieb, geradezu katastrophal auswirken muß. Diese und viele andere vorgenommene Messungen überzeugen davon, daß die vorhandenen Luftbefeuchtungsanlagen für Ringspinnsäle nicht geeignet sind. Woran liegt das? Aus der Zahlentafel 12 entnehmen wir, daß Ringspinnsäle im Vergleich zu allen anderen Arbeitsräumen einen verhältnismäßig hohen »spezifischen Wärmeanfall« haben. Dieser hohe »spezifische Wärmeanfall« zerstört und verhindert in vielen Fällen von vornherein das Bestehen bzw. das Zustandekommen eines Gleichgewichtes im Raumluftzustande,

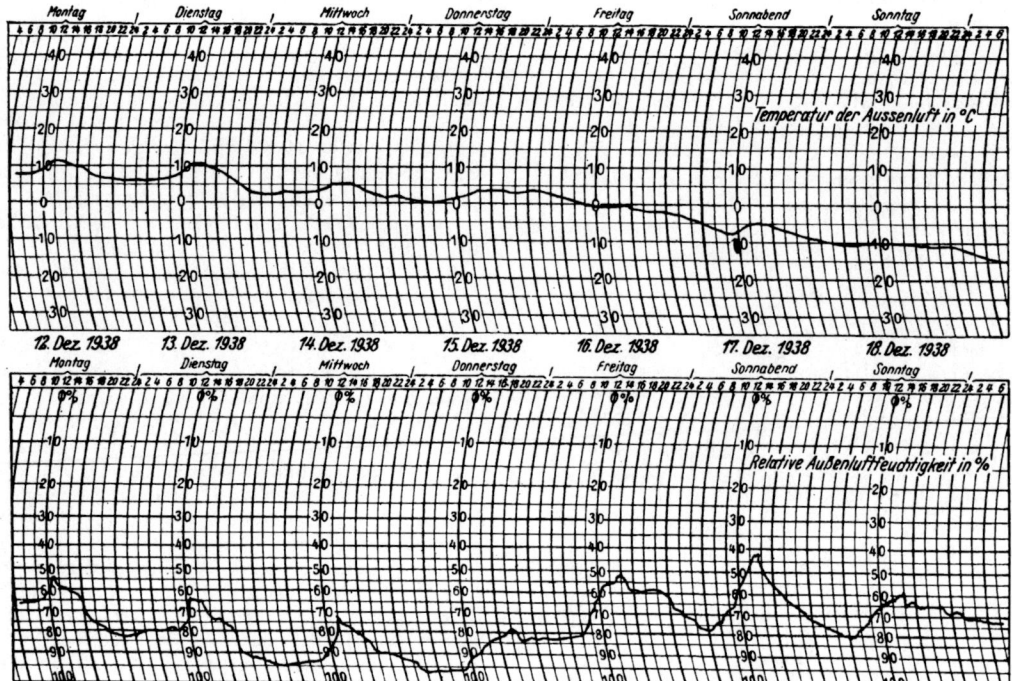

Bild 53 a. Außenluftkurve während einer Woche. (S. hierzu Bild 53 b.)

das von der Luftaufbereitungsanlage gehalten werden muß. Dabei ist zu berücksichtigen, daß für eine relative Raumluftfeuchtigkeit von 60/65 %, wie sie in Ringspinnsälen verlangt wird, die Anwendung übersättigter Luft an sich schon eine hohe Raumlufttemperatur bedingt, wie aus Bild 52 zu ersehen ist.

Alle in den untersuchten Betrieben vorhandenen Befeuchtungsanlagen von Schulze und Schultz sind so eingebaut worden, daß sie von Hand geregelt werden müssen. Wenn zuverlässige Temperatur- und Feuchtigkeitsmesser — möglichst als schreibende Geräte ausgebildet — in den Arbeitsräumen vorhanden sind, dann ist es bei einiger Erfahrung möglich, ohne viel Zeitaufwand die handbetätigte Regelung der Befeuchtungsanlagen erfolgreich durchzuführen.

Aber dennoch ist es anzustreben, den Menschen im Betrieb von dieser Arbeit zu entlasten. Die bei einer selbsttätigen Regelung freiwerdende menschliche Arbeitskraft kann nutzbringend für andere Arbeiten im Textilbetrieb eingesetzt werden.

In letzter Zeit sind selbsttätig arbeitende Regelvorrichtungen entwickelt worden, die, zusätzlich in die vorhandenen Befeuchtungsanlagen eingebaut, eine wertvolle Ergänzung sein werden.

Es ist verständlich, daß die Herstellerfirmen von Luftbefeuchtungsanlagen in der Art wie die von Schulze und Schultz heute alles daransetzen, ihre Anlagen mit solchen Regelvorrichtungen auszurüsten, die die Gewähr für eine einwandfreie und zuverlässige selbsttätige Regelung von

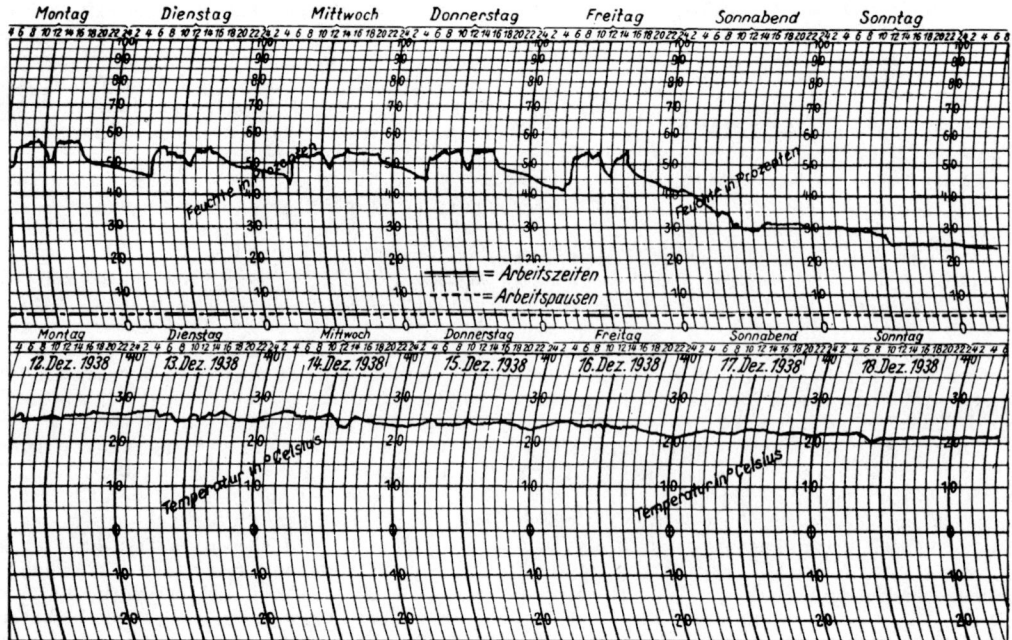

Bild 53 b. Zustandsverlauf der Raumluft im Flyersaal. Werk I, Spinnerei, Neubau (Hochbau).
Luftaufbereitung durch Schulze u. Schultz-Luftbefeuchtungsanlage. (S. hierzu Bild 53 a.)

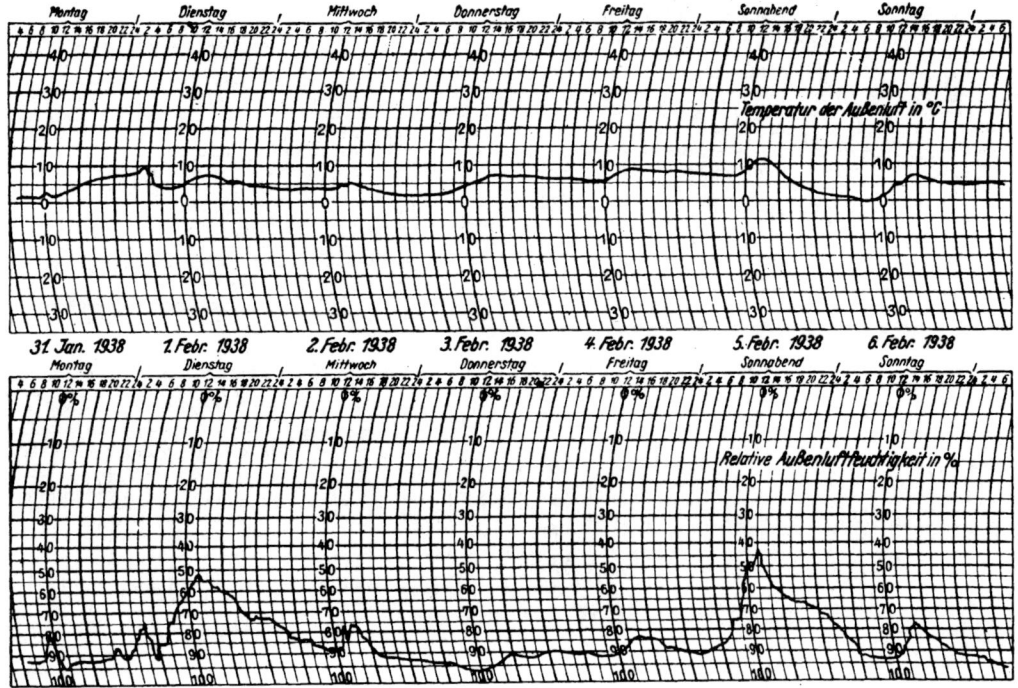

Bild 54 a. Außenluftkurve während einer Woche. (S. hierzu Bild 54 b.)

Temperatur und relativer Feuchtigkeit der Raumluft geben. Denn nur dann, wenn ihnen das gelingt, besteht die Aussicht, daß sie mit den Herstellern von Klimaanlagen wettbewerbsfähig bleiben. Klimaanlagen, die im nächsten Abschnitt näher untersucht werden sollen, sind in den letzten Jahren technisch so weit entwickelt worden, daß mit ihnen jedes gewünschte Raumklima einwandfrei hergestellt und erhalten werden kann.

Bei allen Neuerungen ist zunächst immer die rein technische Durchführbarkeit von maßgebendem Interesse. Nach der technischen Lösung wird aber sehr schnell das wirtschaftliche Moment in den Vordergrund gerückt. So ist es auch bei den Klimaanlagen; die technische Lösung ist gefunden, aber in wirtschaftlicher Hinsicht bleibt noch manches zu wünschen übrig. Deshalb ist es durchaus möglich, daß die seit vielen Jahren bekannten Luftbefeuchtungsanlagen hier eine Lücke schließen werden, wenn sie in technischer Hinsicht noch verbessert werden.

Denn auf die Dauer kann die Textilindustrie bei befriedigenden lufttechnischen Leistungen nur die Mittel und Geräte zur Lösung der Raumluftfrage verwenden, die am wirtschaftlichsten sind.

Zum Schlusse dieses Abschnittes sollen noch Angaben über die zweckmäßige Ausführung selbsttätiger Regelein-

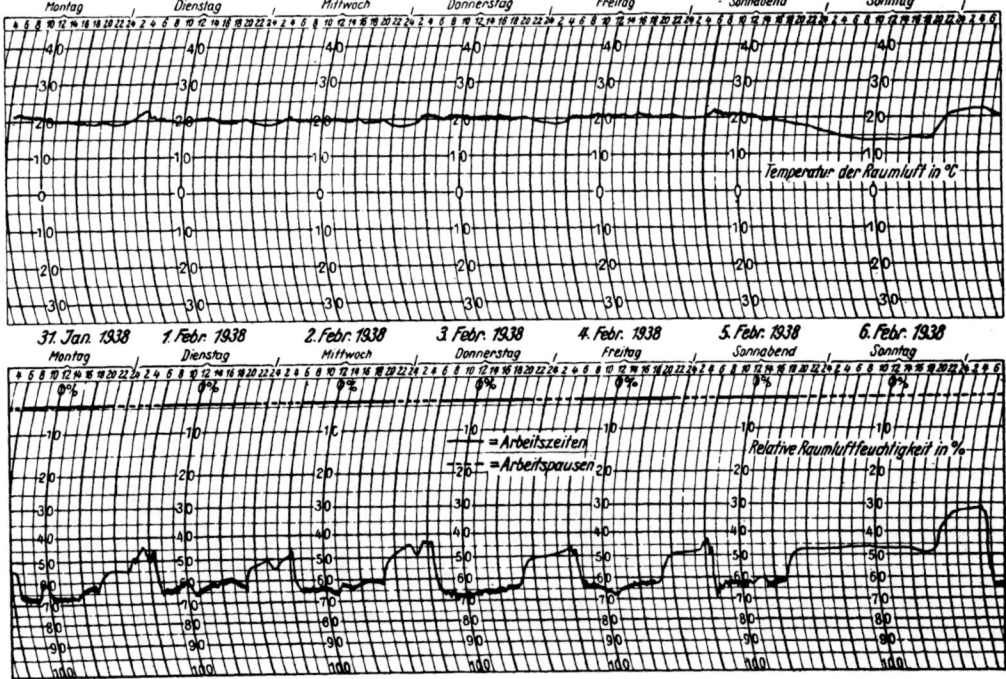

Bild 54 b. Zustandsverlauf der Raumluft in der Spulerei (Shedbau).
Luftaufbereitung durch Schulze u. Schultz-Luftaufbereitungsanlage. (S. hierzu Bild 54 a.)

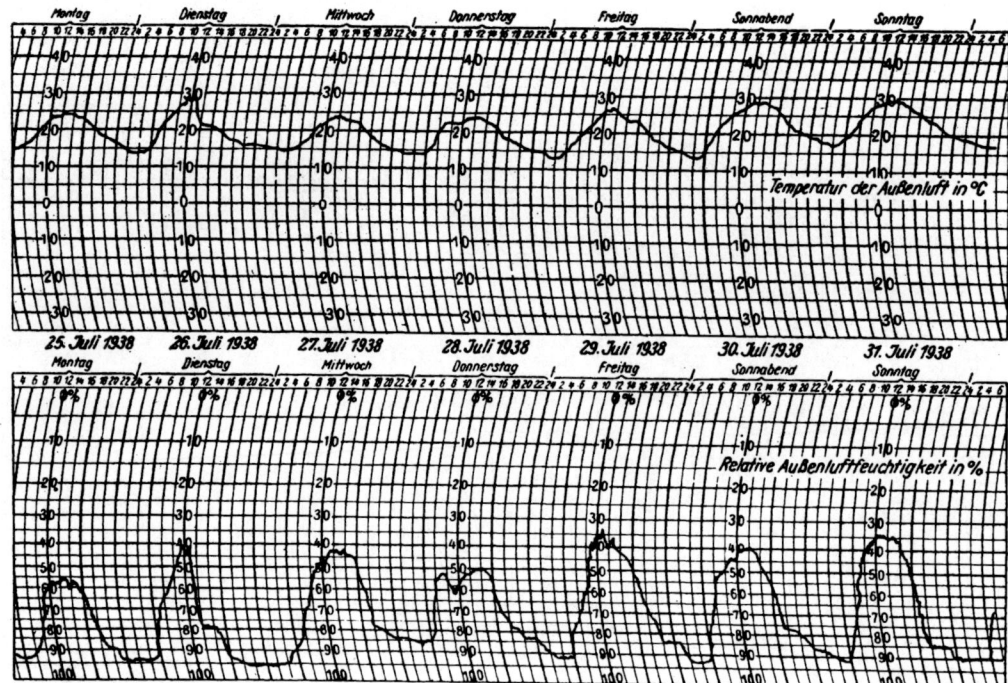

Bild 55a. Außenluftkurve während einer Woche. (S. hierzu Bild 55 b, c u. d.)

richtungen für Schulze und Schultz-Befeuchtungsanlagen gemacht werden.

Die Taupunktsregelung ist hier, wie schon gesagt, nicht geeignet, da übersättigte Luft zur Anwendung gelangt. Beides, Raumtemperatur und relative Feuchtigkeit, muß vom Arbeitsraum aus durch Temperatur- und Feuchtigkeitsfühler geregelt werden.

Ein praktisches Ergebnis kann hier nur über die selbsttätige Feuchtigkeitsregelung eingefügt werden. Eine solche Regelvorrichtung ist zusätzlich in die Befeuchtungsanlage einer Spulerei, die drei Universal-Luftbefeuchtungsgeräte enthält, eingebaut worden. Der Regelvorgang ist nun folgendermaßen:

Im Arbeitsraum befindet sich ein Hygrostat, dessen Wirkungsweise auf dem Prinzip des Haarhygrometers beruht. Die durch den Einfluß der relativen Luftfeuchtigkeit hervorgerufene Längenänderung einer Haarharfe wird dazu benutzt, einen elektrischen Maximum- oder Minimumkontakt zu schließen, je nachdem ob der Sollwert der relativen Raumluftfeuchtigkeit über- oder unterschritten wird. Durch das Schließen der Kontakte wird über verschiedene Relais ein elektrisch angetriebenes Drosselventil, welches in die Hauptdruckwasserleitung der Zerstäubungsdüsen aller drei Geräte eingebaut ist, mehr oder weniger geöffnet oder geschlossen. Wenn die relative Feuchtigkeit im Raum zu groß wird, dann wird das Ventil gedrosselt, wenn die Feuch-

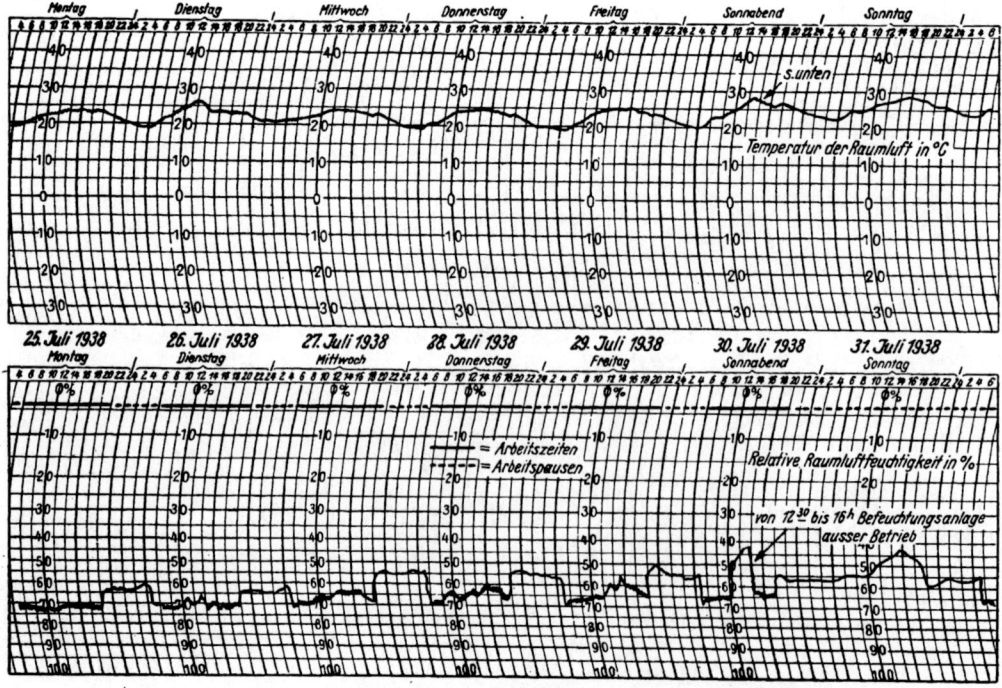

Bild 55 b. Zustandsverlauf der Raumluft in der Spulerei (Shedbau).
Luftaufbereitung durch Schulze u. Schultz-Luftbefeuchtungsanlage. (S. hierzu Bild 55 a.)

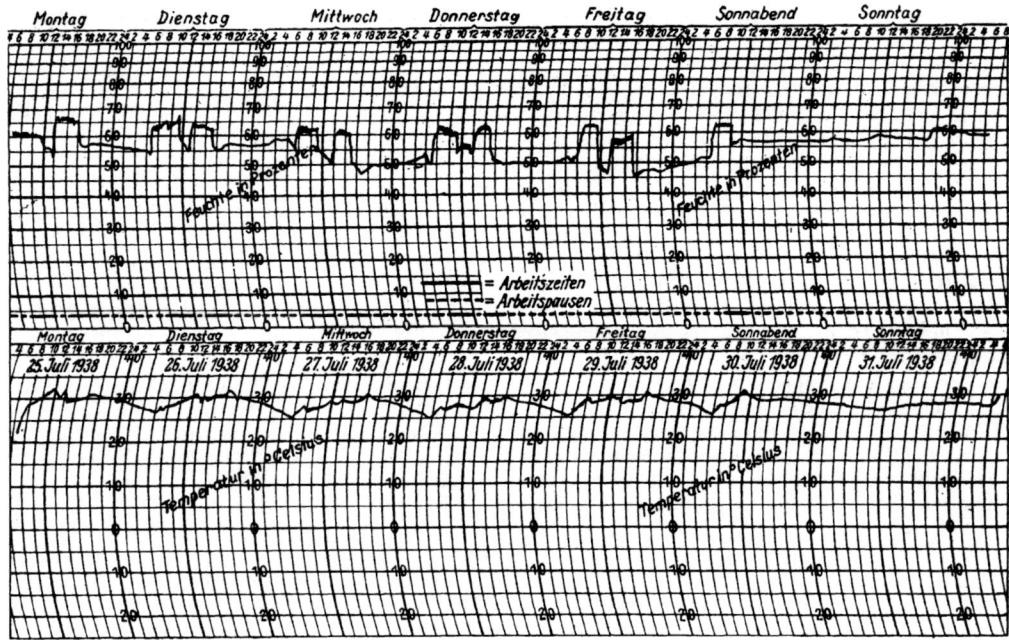

Bild 55 c. Zustandsverlauf der Raumluft im Ringspinnsaal. Werk I, Spinnerei-Neubau (Hochbau).
Luftaufbereitung durch Schulze u. Schultz-Luftaufbereitungsanlage. (S. hierzu Bild 55 a.)

tigkeit zu niedrig wird, dann wird es weiter geöffnet. Das Öffnen und Schließen erfolgt mit Verzögerung, so daß längere Ruhestellungen erzielt werden können und ein ständiges Hin- und Herpendeln vermieden wird. Bei dieser Regelung müssen die Außen- und Umluftklappen entsprechend den jeweiligen Außenluftverhältnissen noch von Hand verstellt werden. Wie sich diese Art der selbsttätigen Feuchtigkeitsregelung auf den Zustandsverlauf der Raumluft auswirkt, ist aus den in Bild 58 a während eines halben Tages niedergeschriebenen Temperatur- und Feuchtigkeitswerten zu ersehen.

Die Herstellerfirma hat inzwischen ihre Luftbefeuchtungsanlagen über die selbsttätige Regelung der relativen Feuchtigkeit hinaus noch weiter entwickelt und vervollkommnet. Praktische Versuchsergebnisse darüber können hier allerdings noch nicht mitgeteilt werden. Angaben über die vorgenommenen Änderungen sollen hier aber noch kurz erwähnt werden.

Um eine unter allen Umständen ausreichende Luftumwälzung — unabhängig von der Injektorwirkung der Wasserdüsen — zu haben, ist zwischen den Regelklappen für Außen- und Umluft und den Wasserdüsen ein elektrisch angetriebener Lüfter eingebaut worden, der eine der Nennleistung des Luftbefeuchtungsgerätes entsprechende Luftförderleistung hat. Bei voller Inanspruchnahme der Wasserzerstäubungsdüsen wird diese Leistung noch um 10% erhöht.

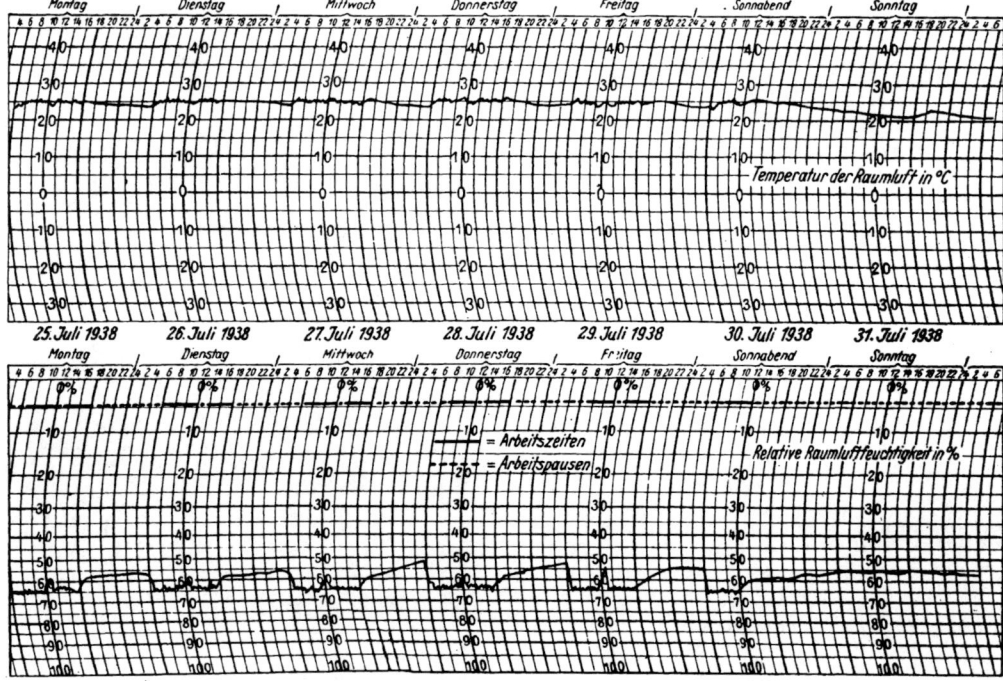

Bild 55 d. Zustandsverlauf der Raumluft in einem Ringspinnsaal (Hochbau).
Luftaufbereitung durch eine Klimaanlage (Lufttechnische Gesellschaft, Stuttgart). (S. hierzu Bild 55 a.)

Eine selbsttätige Regelung der Raumtemperatur erfolgt durch einen im Arbeitssaal selbst angebrachten Thermostaten. Dieser Thermostat bewirkt auf elektrischem oder pneumatischem Wege eine zweckentsprechende Verstellung der Außen- und Umluftklappen und gegebenenfalls auch die Einschaltung des Lufterhitzers zur Erwärmung der Umluft. Um diese Regelung durchführen zu können, ist die Anordnung der Luftregelklappen und des Lufterhitzers gegenüber der ursprünglichen Konstruktion etwas abgeändert worden; darauf soll hier jedoch nicht mehr weiter eingegangen werden.

Bei einwandfreier Arbeitsweise der selbsttätigen Regelung von Temperatur und relativer Feuchtigkeit wird der Schulze-und-Schultz-Luftbefeuchtungsanlage und ähnlichen anderen Fabrikaten durch die nachträglich vorgenommenen Änderungen sicherlich ein Erfolg beschieden sein.

Nach dem Einbau des Lüfters erscheint es jedoch nicht mehr gerechtfertigt, die Zerstäubungsdüsen mit einem Wasserdruck von 12 atü zu betreiben. Es muß möglich sein, den Befeuchtungsvorgang der Luft mit dem Lüfter in Verbindung zu bringen. Dadurch können die Betriebskosten verringert werden.

3. Klimaanlagen (Lufttechnische Gesellschaft, Stuttgart).

a) Aufbau und Wirkungsweise.

Es ist an verschiedenen Stellen früherer Abschnitte bereits von Klimaanlagen, von deren Wirkungsweise und auch von deren Regelung die Rede gewesen. Auf die ausführliche Erörterung einiger dort schon angeführter Punkte kann deshalb hier verzichtet werden.

Unter einer Klimaanlage versteht man eine Luftaufbereitungsanlage, die bei vollkommen selbsttätiger Regelung einen in sehr engen Grenzen schwankenden Raumluftzu-

stand erzeugt. Die Höchstschwankungen der Raumtemperatur sollen $\pm 1^\circ$ C und die der relativen Luftfeuchtigkeit $\pm 2\%$ nicht übersteigen. In den meisten Fällen findet die Taupunktsregelung Anwendung.

Der grundsätzliche Aufbau einer Klimaanlage ist aus dem schematischen Bild 56 zu ersehen.

Durch die Regelklappen wird dem Mischraum Außen- und Umluft in dem Verhältnis zugeführt, daß die Feuchtthermometer-Temperatur t_f dieses Luftgemisches dem Taupunkt der Raumluft entspricht. Die Luft gelangt durch die Luftverteilungsbleche in den Wascher und Befeuchter und muß hier durch den Sprühregen der Zerstäubungsdüsen hindurchtreten. Die Düsen spritzen das Wasser gegen den Luftstrom, so daß die Wasserkegel im Entstehen auseinandergedrückt werden. Dadurch wird vermieden, daß sich wasserfreie Luftzonen bilden können. Beim Durchströmen des Waschers wird die Luft auf die Temperatur t_f abgekühlt und vollständig gesättigt. Sämtliches überschüssige Wasser wird aus der Luft durch die Tropfenabscheidebleche entfernt.

Die gesättigte Zuluft wird durch den Zentrifugalventilator in die Luftverteilungskanäle gefördert, aus denen sie durch Auslaßöffnungen, die sich an der Unterseite und in den beiden Seitenwandungen der Kanäle befinden, in den Arbeitssaal gelangt (Bild 57). Die Anzahl der Luftverteilungskanäle richtet sich nach den Ausmaßen des Arbeitssaales. Ein Verteilungskanal kann den Arbeitsraum unter Gewährleistung gleichmäßiger Luftverteilung über eine Breite von 10 bis 15 m mit Zuluft versorgen.

In jedem Luftverteilungskanal ist vor den ersten Auslaßöffnungen eine Regelklappe und ein Heizkörper für die Zuluft angebracht, die durch einen im Arbeitsraum befindlichen Hygrostaten gesteuert werden. Bei Überschreiten des Sollwertes der relativen Raumluftfeuchtigkeit kann die Zuluftmenge durch die Regelklappe bis zu 50% verringert werden. Wenn bei dieser verminderten Zuluftmenge die relative Feuchtigkeit immer noch zu hoch ist, dann wird zusätzlich der Heizkörper eingeschaltet und die Zuluft erwärmt, bis die verlangte relative Raumluftfeuchtigkeit erreicht ist.

Der Thermostat steuert, wie früher schon gesagt, die Außen- und Umluftklappen und den Spritzwasservorwärmer. Der Spritzwasservorwärmer wird erst dann eingeschaltet, wenn die Außenluftklappen beinahe ganz geschlossen und die Umluftklappen fast vollständig geöffnet sind. Dieser Fall tritt in Arbeitsräumen mit hohem »spezifischem Wärmeanfall«, also in Ringspinnsälen, während der Betriebszeit praktisch nie ein, sondern nur dann, wenn in den kalten

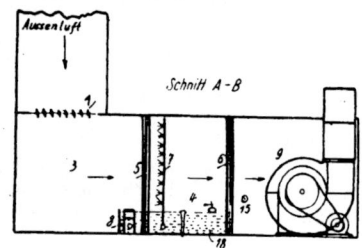

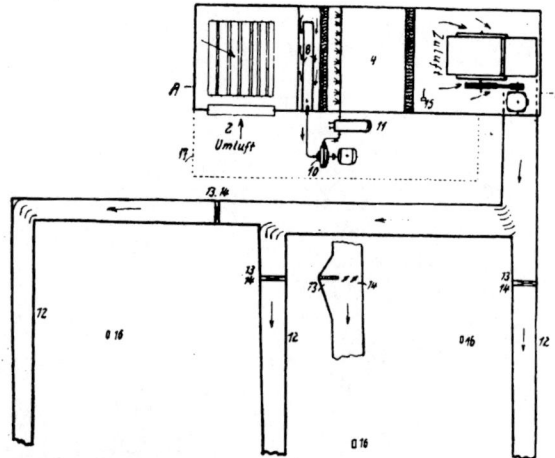

Bild 56. Schematische Darstellung einer Klimaanlage mit drei Luftverteilungskanälen. (Lufttechnische Gesellschaft, Stuttgart.)

1 Außenluftregelklappen	10 Spritzwasserpumpe 2,5 atü
2 Umluftregelklappen	11 Spritzwasservorwärmer
3 Luftmischraum	12 Zuluftverteilungskanal
4 Luftwascher und Befeuchter	13 Heizkörper für Zuluft
5 Luftverteilungsbleche	14 Regelklappe für Zuluft
6 Tropfenabscheideblech	15 Thermostat regelt 1, 2 und 11
7 Zerstäuberdüsen	16 Hygrostat regelt 13 und 14
8 Wasserfilter	17 Umluftansauggitter
9 Zuluftventilator	18 Waschertank

Bild 57. Luftverteilungskanal mit Luftauslaßöffnungen einer Klimaanlage (Lufttechnische Gesellschaft, Stuttgart).

Jahreszeiten der Arbeitssaal vor Betriebsbeginn geheizt werden muß. Die der Klimaanlage dann zugeführte Umluft hat eine Feuchtthermometer-Temperatur t_f, die niedriger ist als der erforderliche Taupunkt der Raumluft. Wenn aber das Spritzwasser vorgewärmt wird (die Erwärmung beträgt immer nur wenige Grade C), dann kann doch die verlangte und am Thermostaten eingestellte Taupunktstemperatur erreicht werden, da die Verdunstungswärme teilweise durch die Vorwärmung gedeckt wird.

Wie aus dem Bild 56 ersichtlich ist, wird das Betriebswasser in stetem Kreislauf geführt. Das an die Luft abgegebene Wasser wird durch ein Schwimmerventil mengenmäßig ununterbrochen aus einer Frischwasserleitung dem Waschertank wieder zugesetzt. Bevor das Kreislaufwasser zur Pumpe gelangt, muß es einen Filter durchlaufen, damit die besonders aus der Umluft herausgewaschenen Staub- und Faserflugteilchen zurückgehalten werden. Der Filter besteht aus Wechselsieben, so daß ohne Betriebsunterbrechung eine Reinigung vorgenommen werden kann.

Die Umluft gelangt aus dem Arbeitsraum nicht direkt zu den Umluftregelklappen, sondern sie muß zunächst noch durch das Umluftansauggitter treten. (Dieses Gitter besteht aus Drahtgewebe mit einer Maschenweite von 1 mm.) Auf diese Weise wird die gesamte Umluft auf eine große Ansaugfläche verteilt; dadurch wird vermieden, daß große Luftgeschwindigkeiten im Arbeitssaal entstehen und lästige Zugerscheinungen auftreten können. Weiter hat das noch den Vorteil, daß ein großer Teil des Faserflugs bereits vor dem Gitter haften bleibt und nicht in den Wascher gelangt.

Das Verhältnis zwischen zugeführter Außenluft und Umluftmenge ist jahreszeitlich bedingt. In den kalten Jahreszeiten überwiegt meistens der Anteil der Umluft, im Sommer dagegen wird der Anlage oft restlos Außenluft zugeführt.

Eine der zugeführten Außenluftmenge entsprechende Luftmenge muß stets aus dem Arbeitssaal als Fortluft entweichen. Um diese Fortluft leicht abführen zu können, werden in die Umfassungsmauern des Arbeitssaales Überdruckausgleichsklappen eingebaut. Unter besonderen Umständen kann jedoch auf diese Überdruckklappen verzichtet werden, wie wir später noch sehen werden (Abschnitt J).

Jetzt sollen noch die wesentlichsten Betriebsdaten und andere Zahlen über Klimaanlagen, soweit sie nicht schon erwähnt worden sind, genannt werden; sie sind aus der folgenden Zusammenstellung zu ersehen. Die Zahlen beziehen sich, soweit es sich um relative Werte handelt, auf die maximale Luftleistung der Klimaanlage.

Zahlentafel 13.

1. Luftgeschwindigkeit im Wascher
   = 4 m/s
2. Länge des Luftweges im Wascher
   = 3 m
3. Anzahl der Spritzdüsen, gleichmäßig über den freien Wascherquerschnitt verteilt
   = 30 Düsen/1 m² Wascherquerschnitt
4. Spritzwasser-Umwälzmenge
   = 500 l/1000 m³ Luft/h
5. Größe der Überdruckausgleichsklappen
   = 0,5 m²/10 000 m³ Luft/h
6. Größe des Umluftansauggitters
   = 1,5 m²/10 000 m³ Luft/h
7. Wärmeleistung des Spritzwasservorwärmers
   = 5000 kcal/1 m³ Umwälzw./h
8. Gesamtpressung des Zuluftventilators
   = 45 mm WS
9. Kraftverbrauch der Klimaanlage
   = 0,35 KW/1000 m³ Luft/h

Den Zustandsverlauf der Luft bei Anwendung von Klimaanlagen kann man am besten an Hand des Ix-Diagramms verfolgen; dabei sei hier nochmals besonders auf Bild 42 hingewiesen.

b) Betriebserfahrungen.

In den untersuchten Textilbetrieben sind Klimaanlagen in mehreren Ringspinnsälen vorhanden, also in Arbeitsräumen mit dem größten »spezifischen Wärmeanfall«. Zu jeder Jahreszeit ist es möglich, mit diesen Klimaanlagen Wärme und Feuchtigkeit im Arbeitssaal mit unbedingter Sicherheit zu beherrschen. Die selbsttätige Regelung arbeitet zuverlässig und läßt keine großen Schwankungen des Raumluftzustandes aufkommen. Aus der Fülle der vorliegenden Temperatur- und Feuchtigkeitsmessungen sollen hier drei Meßstreifen eingefügt werden.

Bild 58b zeigt den Tagesverlauf von Temperatur und relativer Feuchtigkeit in einem Ringspinnsaal, dessen

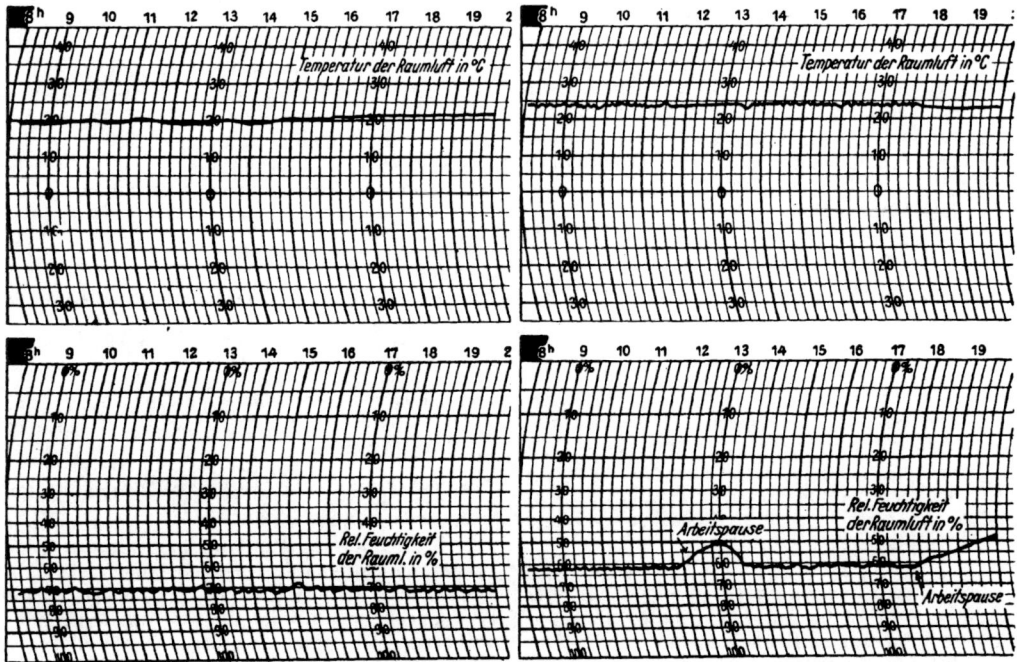

Bild 58a. Selbsttätige Regelung der relativen Raumluftfeuchtigkeit an einer Schulze u. Schultz-Luftbefeuchtungsanlage in einer Spulerei (Shedbau).

Bild 58b. Selbsttätige Regelung der Temperatur und Feuchtigkeit in einem Ringspinnsaal (Hochbau). Klimaanlage (Taupunktsregelung).

»spezifisches Raumklima« durch eine Klimaanlage der »Lufttechnischen Gesellschaft, Stuttgart«, erzeugt wird. In Bild 47c und 55d sehen wir die Ergebnisse, die in einer Winter- und Sommerwoche ebenfalls in einem Ringspinnsaal erzielt worden sind.

In früheren Abschnitten ist verschiedentlich die Rede gewesen von der Beziehung zwischen der Feuchtthermometer-Temperatur t_f, der den Luftaufbereitungsanlagen zugeführten Luft und der Temperatur des Umwälzwassers. Es ist dort bereits zum Ausdruck gebracht worden, daß das Betriebswasser stets die Temperatur t_f der zugeführten Luft annimmt. Versuchsergebnisse, die in einer Klimaanlage gewonnen worden sind, sollen das bestätigen; sie sind in Zahlentafel 14 zusammengestellt. Über die Durchführung dieses Versuches ist noch folgendes vorauszuschicken:

Der Thermostat der untersuchten Klimaanlage ist auf eine Taupunktstemperatur von 14,5° C eingestellt, d. h. durch die Regelung der Außen- und Umluftklappen wird der Anlage Luft in einem solchen Mischungsverhältnis zugeführt, daß die Zuluft in gesättigtem Zustande eine Temperatur von 14,5° C hat. Die ersten Versuchsergebnisse werden bei normaler Arbeitsweise der Klimaanlage ermittelt. Danach wird die selbsttätige Temperaturregelung von Hand ausgeschaltet, so daß dem Wascher nur Umluft zugeführt wird. Nachdem über die Wirkung dieser Maßnahme ein klares Bild gewonnen worden ist, wird im weiteren Verlauf des Versuchs die selbsttätige Regelung wieder eingeschaltet. Der Versuch wird fortgesetzt, bis sich die Anlage wieder auf den normalen Stand eingespielt hat.

Während des Versuchs werden die Trocken- und Feuchtthermometer-Temperaturen t und t_f der Luft vor Eintritt in den Wascher und der Zuluft nach dem Austritt aus dem Wascher und weiter die Temperatur des umgewälzten Spritzwassers gemessen. Zahlentafel 14 enthält die ermittelten Werte.

Die normale Arbeitsweise der selbsttätigen Temperaturregelung setzt mit einem starken »Pendeln« (16^{50} bis 17^{08} Uhr) wieder ein, das jedoch sehr bald in ein ruhiges Arbeiten übergeht.

Die Zahlenwerte des Versuchs geben ein ganz eindeutiges Bild über die Beziehung zwischen der Temperatur t_f der dem Wascher zugeführten Luft und der Temperatur des umgewälzten Spritzwassers. Die beiden Temperaturen haben immer das Bestreben, sich einander anzugleichen.

Auch durch wiederholte Messungen zu anderen Zeiten ist festgestellt worden, daß beide Temperaturen normalerweise einander gleich sind oder nur sehr geringfügige Abweichungen voneinander haben.

Die Versuchsreihe in Zahlentafel 14 gibt uns nebenbei auch noch einige Anhaltspunkte über die Luftabkühlung unter die Kühlgrenze t_f der zugeführten Luft mittels Kaltwasser. Diese künstliche Kühlung ist praktisch nur durch-

Zahlentafel 14.

Zeit 22. 9. 1937	Temperaturen der Luft vor Eintritt in den Wascher		Temperaturen der Zuluft nach Austritt aus dem Wascher		Temperatur des Spritzwassers	Raumluftzustand
	t °C	t_f °C	t °C	t_f °C	t_w °C	
1	2	3	4	5	6	7
15^{50} Uhr	20,5	14,6	14,6	14,5	14,5	$t = 22,7$
16^{00} »	20,3	14,5	14,5	14,5	14,5	$t_f = 17,4$ $\varphi = 60^0/_0$

Um 16^{00} h wird die selbsttätige Temperaturregelung von Hand ausgeschaltet, so daß der Anlage nur Umluft zugeführt wird.

16^{03} Uhr	23,6	17,6	16,5	16,4	15,6	
16^{05} »	23,7	17,8	16,8	16,7	16,3	
16^{08} »	23,8	18,2	17,2	17,1	16,6	
16^{12} »	23,8	18,2	17,4	17,3	17,1	
16^{15} »	24,0	18,4	17,9	17,9	17,4	
16^{18} »	24,1	18,6	18,0	17,9	17,6	
16^{22} »	24,2	18,6	18,2	18,2	17,8	
16^{30} »	24,4	19,0	18,7	18,6	18,4	
16^{33} »	24,4	19,1	18,8	18,8	18,5	

Um 16^{37} h wird die selbsttätige Temperaturregelung wieder eingeschaltet. Da die am Thermostaten eingestellte Taupunktstemperatur von 14,5 °C inzwischen weit überschritten ist, erfolgt sofort eine Umsteuerung der Regelklappen. Der Anlage wird nur noch Außenluft zugeführt.

16^{38} Uhr	17,0	12,0	16,9	16,8	17,3	
16^{39} »	16,4	11,7	16,0	16,0	16,2	
16^{41} »	15,8	11,3	15,2	15,2	15,4	
16^{44} »	15,8	11,4	14,6	14,4	15,1	
16^{45} »	15,9	11,4	14,4	14,3	14,5	
16^{48} »	15,9	11,4	13,9	13,8	14,1	

Durch Steuerung des Thermostaten beginnt um 16^{49} das Öffnen der Umluftklappen und in entsprechendem Maße das Schließen der Außenluftklappen. Die selbsttätige Regelung setzt ein, was daran zu erkennen ist, daß die eingestellte Taupunktstemperatur bereits unterschritten ist; das ist auf eine gewisse Trägheit des Thermostaten zurückzuführen.

16^{50} Uhr	17,0	12,5	14,0	13,8	13,9	
17^{02} »	20,2	15,2	14,6	14,4	14,3	
17^{08} »	17,5	14,3	14,5	14,4	14,3	
17^{15} »	18,0	14,4	14,5	14,5	14,4	
17^{20} »	18,2	14 5	14,6	14,5	14,5	

zuführen, wenn das Betriebswasser nicht mehr im Kreise geführt wird, sondern wenn die Pumpe ständig mit kaltem Frischwasser gespeist wird. Das ist in den meisten Fällen mit sehr erheblichen Kosten verbunden; deshalb wird auf die künstliche Kühlung verzichtet. Es sei aber noch darauf hingewiesen, daß Bradtke (18) Zahlenwerte über eine derartige Kaltwasserkühlung angegeben hat.

Weitere Betriebserfahrungen, die über Klimaanlagen noch gemacht worden sind, sollen im nächsten Abschnitt mitgeteilt werden.

J. Vergleichende Untersuchung bezüglich der Vor- und Nachteile der vorhandenen Luftaufbereitungsanlagen über folgende Punkte:

Es kann nicht der Sinn der nachfolgenden Ausführungen sein, die Vor- und Nachteile der in den untersuchten Betrieben vorhandenen Luftaufbereitungsanlagen restlos zu erfassen und sie scharf gegeneinander abzuwägen. Es sollen vielmehr nur einige charakteristische Punkte herausgegriffen werden, die von allgemeiner Bedeutung für die Lösung der Raumluftfrage im Textilbetrieb sind.

Teilweise sind solche Gegenüberstellungen auch schon in früheren Abschnitten gemacht worden, wie beispielsweise darüber, wann es zweckmäßig ist, ungesättigte, gesättigte oder übersättigte Zuluft für die Herstellung des »spezifischen Raumklimas« in den Arbeitsräumen zu wählen. Diese Frage ist von grundsätzlicher Bedeutung für die Planung und ebenso für den Betrieb von Luftaufbereitungsanlagen.

Jede darüber getroffene Fehlentscheidung hat stets zur Folge, daß die betreffende Luftaufbereitungsanlage unwirtschaftlich arbeitet.

1. Temperatur- und Feuchtigkeitsverteilung im Raum.

So wie zeitlich auftretende Schwankungen in der Beschaffenheit der Raumluft weitgehendst vermieden werden müssen, ebensowenig dürfen in den Arbeitssälen örtliche Unterschiede des Raumluftzustandes vorhanden sein; es dürfen sich also keine Feuchtigkeits- und Temperaturzonen, die vom »spezifischen Raumklima« merklich abweichen, bilden.

Als möglichst nicht zu überschreitende Abweichungen vom Sollwert des Raumluftzustandes wählt man am besten die Zahlenwerte, die üblicherweise den Garantiebedingungen von Klimaanlagen zugrunde liegen, das sind ±1° C und ±2% relative Feuchtigkeit. Es ist aber keineswegs notwendig, aus gesundheitlichen und ebenfalls aus textiltechnischen Gründen den Raumluftzustand in diesen engen Grenzen zu halten. Als zulässige Abweichungen kann man ohne Bedenken in allen Arbeitsräumen des Textilbetriebes die doppelten Werte der vorhin genannten Zahlen gelten lassen.

Die Gleichmäßigkeit des Luftzustandes in den Arbeitssälen ist abhängig vom Luftwechsel und von der Luftführung.

In den untersuchten Betrieben lassen alle vorhandenen Luftaufbereitungsanlagen normalerweise keine örtliche unzulässig große Abweichungen vom Mittelwert des Raumluftzustandes entstehen, wie häufige Betriebsmessungen ergeben haben.

Dazu ist aber noch zu bemerken, daß bei Klimaanlagen mit mehreren Luftverteilungskanälen in Ausnahmefällen eine vorübergehende örtliche Zonenbildung im Raumluftzustand entstehen kann. Das ist regeltechnisch bedingt und hat folgende Ursache: Wenn zufälligerweise die Zuluftdrosselklappen aller Luftverteilungskanäle bis auf einen einzigen gleichzeitig geschlossen werden, dann erfährt der statische Luftdruck im gemeinsamen Zuluftkanal eine plötzliche Drucksteigerung und die Folge davon ist, daß dem einzigen nicht gedrosselten Verteilungskanal für kurze Zeit eine übermäßig große Menge Zuluft in den Arbeitssaal entweicht. Dadurch entsteht im Bereich dieses einen Verteilungskanals eine kurzzeitige unzulässige Abweichung vom Sollwert des Raumluftzustandes. Das Gleichgewicht wird aber sehr schnell wieder hergestellt, sobald die zu hohe relative Raumluftfeuchtigkeit ihren Einfluß auf den Hygrostaten ausgeübt hat und infolgedessen eine zweckentsprechende Umsteuerung der Drosselklappe erfolgt ist.

Dieser Vorgang ist, wie schon gesagt, äußerst selten und ist auch nur möglich bei der sog. Drosselregelung im Gegensatz zur Druckregelung, auf die in Abschnitt J 5 noch eingegangen werden soll.

Im allgemeinen macht es keine Schwierigkeit, eine überall im Arbeitssaal gleichmäßige Temperatur- und Feuchtigkeitsverteilung einzuhalten. Zeitliche Schwankungen des Raumluftzustandes dagegen kommen bei denjenigen Luftaufbereitungsanlagen sehr leicht vor, die den an sie gestellten Anforderungen nicht gewachsen sind, wie wir früher bereits an Hand von Meßstreifen auch festgestellt haben.

2. Durch die Anlage entstehende Luftströmungen im Raum.

Je größer der Luftwechsel im Arbeitsraum ist, desto leichter können sich die durch die Luftaufbereitungsanlage entstehenden Luftströmungen störend bemerkbar machen. Der Luftwechsel ist verhältnisgleich dem Wärmeanfall im Arbeitssaal. In Räumen mit großem Wärmeanfall muß deshalb der Luftführung ganz besondere Beachtung geschenkt werden.

Man muß nun unterscheiden zwischen der Zuführung der Zuluft in den Arbeitssaal einerseits und der Abführung der Um- und Fortluft aus dem Arbeitssaal andererseits.

Die Zuluft wird dem Arbeitssaal meistens durch Luftverteilungskanäle zugeführt. Dadurch wird von vornherein die Geschwindigkeit der austretenden Zuluft überall klein gehalten. Außerdem sind die Luftauslaßöffnungen auf Grund jahrelanger Erfahrungen strömungstechnisch so gut ausgebildet, daß sie kaum zu Beanstandungen Anlaß geben. Die einmal als richtig erkannte und bewährte Formgebung der Luftverteilungskanäle kann überall bei allen Neuanlagen ohne jedesmalige besondere Berechnung angewandt werden.

Ganz anders ist es bei der Abführung der Umluft aus dem Arbeitssaal. Hierbei bedarf es von Fall zu Fall bei jeder Anlage einer vorhergehenden sorgfältigen Planung und Überlegung, um Luftströmungen zu vermeiden, die den Fertigungsgang stören und die Behaglichkeit der Arbeiter an einigen Stellen im Arbeitsraum sehr in Frage stellen können. Das trifft jedoch nur für Klimaanlagen oder für Anlagen mit zentraler Luftaufbereitung zu. Einzelluftbefeuchter und Anlagen in der Art wie die von Schulze und Schultz

scheiden bei diesen Betrachtungen von vornherein aus, weil bei diesen Anlagen die Umluft gleichmäßig über den ganzen Arbeitssaal verteilt zu den Einzelluftbefeuchtungsgeräten zurückgeführt wird und infolgedessen störende Luftströmungen nicht auftreten.

Es ist also nur noch die Umluftführung bei Klimaanlagen zu untersuchen. Das soll an Hand von Beispielen an ausgeführten Anlagen in Ringspinnsälen geschehen.

Aus lufttechnischen Gründen ist és zweckmäßig, die Zentrale der Klimaanlage — also Mischraum, Wascher und Ventilator — möglichst nahe am Arbeitssaal aufzubauen, um lange Luftwege zu vermeiden. Der Textilfachmann aber verlangt, daß durch den Einbau einer Klimaanlage nicht wertvoller Arbeitsraum verloren geht und keine Arbeitsmaschinen entfernt werden müssen. Beiden Ansprüchen kann man aber nur in den seltensten Fällen gerecht werden.

In Bild 56 haben wir den schematischen Aufbau einer Klimaanlage kennengelernt. Solche Klimaanlagen sind in verschiedenen Ringspinnsälen der untersuchten Betriebe eingebaut worden. Bei diesen Anlagen muß die gesamte aus dem Spinnsaal zurückgeführte Umluft durch das Umluftansauggitter zum Mischraum zurückströmen.

In den kalten Jahreszeiten, wenn die Umluftmenge am größten ist, sind die Luftströmungen im Bereich des Umluftansauggitters so groß, daß ein längeres Verweilen für den Menschen an dieser Stelle unmöglich ist und der Spinnvorgang an den unmittelbar vor dem Ansauggitter stehenden Maschinen außerordentlich großen Störungen unterworfen ist.

Die Stellung der Ringspinnmaschinen zur Zentrale der Klimaanlage veranschaulicht Bild 59. Die Maschinen stehen parallel zum Umluftansauggitter.

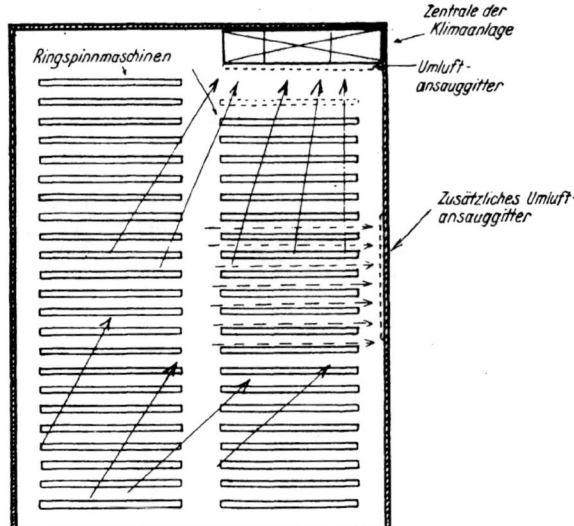

Bild 59. Grundriß eines Ringspinnsaales.
Durch Einbau einer Klimaanlage wird die Entfernung von 2 Ringspinnmaschinen vor dem Umluftansauggitter erforderlich, da an dieser Stelle der Spinnvorgang durch starke Strömungen der Umluft gestört wird.
Bei Verwendung eines zweiten zusätzlichen Ansauggitters braucht nur eine Spinnmaschine entfernt zu werden.(Näheres darüber s. Abschnitt J₂.)

Durch den auf diese Weise erfolgten Einbau einer Klimaanlage hat es sich als notwendig erwiesen, vor dem Umluftansauggitter zwei Ringspinnmaschinen mit zusammen 1000 Spindeln — das sind mehr als 4% der Gesamtspindelzahl dieses Arbeitssaales — wegen zu starker Umluftströmungen zu entfernen. Zuzeiten, wenn die Umluftmenge ihren Höchstwert erreicht, geht sogar an der dritten (stehen gebliebenen) Ringspinnmaschine infolge großer Umluftgeschwindigkeiten das Spinnen nicht glatt vonstatten. Während des Spinnvorganges werden die Fäden durch den Luftstrom von der Maschine weg zum Umluftansauggitter hin gezogen. Das führt zu häufigen Fadenbrüchen und hat eine Leistungsminderung zur Folge.

Um eine solche Produktionseinbuße in einem anderen gleichartigen Ringspinnsaal zu verhindern, ist bei der Klimatisierung dieses Saales die Zentrale der Klimaanlage zwar genau so eingebaut worden wie in dem ersten Arbeitssaal, aber für die Rückführung der Umluft ist eine andere Lösung gewählt worden. Außer durch das Umluftansauggitter parallel zu den Ringspinnmaschinen wird zusätzlich noch durch ein zweites Ansauggitter Umluft aus dem Arbeitssaal abgeführt. Dieses Ansauggitter befindet sich, wie Bild 59 zeigt, an einer Seitenwand des Arbeitsraumes senkrecht zu den Ringspinnmaschinen und steht durch einen Luftkanal mit dem Mischraum der Klimaanlage in Verbindung.

Auf diese Weise ist die Geschwindigkeit der Umluft an den kritischen Stellen derart vermindert worden, daß die Entfernung nur einer Ringspinnmaschine erforderlich gewesen ist. An der zweiten Maschine sind zu keiner Zeit Störungen im Fertigungsvorgang durch Luftströmungen entstanden.

Aus diesen Beispielen ist zu folgern, daß die Umluft möglichst an verschiedenen Stellen aus dem Arbeitssaal abgeführt werden muß. In Ringspinnsälen ist es immer zweckmäßig, die Umluftansauggitter nur senkrecht zu den Maschinen einzubauen, wenn die örtlichen Verhältnisse das zulassen. Dann kann die Umluft durch die Gänge zwischen den einzelnen Maschinen zum Ansauggitter gelangen; das zu verspinnende Garn ist nicht mehr so sehr dem direkten Luftzug ausgesetzt und es gibt nur noch selten Fadenbrüche.

Auf eine zahlenmäßige Untersuchung dieser Vorgänge muß hier verzichtet werden. Es sei aber noch darauf hingewiesen, daß bei Messungen von Luftströmungen im Raum statt der bekannten Anemometer das Katathermometer (22, 25) mit Vorteil benutzt werden kann. Mit diesem Gerät können neben den Behaglichkeitsziffern auch kleinste Luftgeschwindigkeiten ermittelt werden.

3. Bautechnische Fragen.

Im vorigen Abschnitt haben wir bereits gesehen, daß bautechnische Fragen bei der Herstellung geeigneter Raumluftverhältnisse für den Betriebsleiter im Textilbetrieb von sehr wesentlicher Bedeutung sind. Wenn der Einbau einer Luftaufbereitungsanlage mit einer baulichen Änderung der Betriebsräume verbunden ist, dann muß sich die Betriebsleitung von vornherein über die sich daraus ergebenden Folgen für die textile Fertigung ganz klar sein. Denn unvorhergesehene Betriebseinschränkungen, die durch Hilfseinrichtungen, zu denen Luftaufbereitungsanlagen ja gezählt werden müssen, entstehen, bringen für den Betriebsleiter jahrelangen Ärger und Verluste. Diese Frage ist hier deshalb angeschnitten und zu zeigen, wie außerordentlich wichtig es ist, daß auch der Textilfachmann sich mit der Raumluftfrage und deren Lösung eingehend vertraut macht.

Einzelluftbefeuchter jeder Art erfordern praktisch niemals Änderungen an den Gebäudeteilen, die sich auf die textile Fertigung nachteilig auswirken können. Bei Anlagen dagegen mit zentraler Luftaufbereitung, also Klimaanlagen, muß man damit rechnen, daß deren Einbau meistens mit größeren Änderungen an den Gebäudeteilen des Textilbetriebes verbunden ist.

Eine allgemeingültige und dabei gute Lösung hierfür gibt es nicht. So verschieden die Textilbetriebe sind, so mannigfaltig sind auch die Einbaumöglichkeiten für Klimaanlagen.

Wenn in großen Textilbetrieben — besonders in Hochbauten — für mehrere voneinander getrennte Arbeitsräume Klimaanlagen eingebaut werden sollen, dann ist es oft sehr vorteilhaft, die Zentralen für alle Anlagen in einem einzigen, günstig gelegenen Raum zusammenzufassen, auch wenn dafür ein Raum geopfert werden muß, der der textilen Fertigung diente.

Es ist unumgänglich, diese Frage von Fall zu Fall einer sorgfältigen Prüfung und Planung zu unterziehen.

4. Wartung und Pflege der Anlagen.

Bei der Wartung und Pflege von Luftaufbereitungsanlagen muß man unterscheiden zwischen der ständigen Überwachung und der in kürzeren oder längeren Zeitabständen notwendigen Überholung und Reinigung der Anlagen; denn davon abhängig ist der für die Erhaltung der Betriebstüchtigkeit der Anlagen erforderliche Einsatz von Arbeitskräften.

Die Erfahrungen, die hierüber in den untersuchten Betrieben gewonnen worden sind, sollen nachfolgend zusammengefaßt werden. Dabei lassen sich zwei Gruppen bilden, nämlich Anlagen ohne zentrale Luftaufbereitung und Klimaanlagen.

Die Anlagen der ersten Gruppe — die Universal-Luftbefeuchtungsgeräte von Schulze und Schultz und die Mertz-Einzelluftbefeuchter — erfordern verhältnismäßig wenig Wartung und Pflege. Das liegt daran, daß man sämtliche in einem Betriebe vorhandenen Einzelgeräte von einer Stelle aus mit Druckwasser versorgen kann und ebenfalls das Umlauf-Betriebswasser in einem gemeinsamen Filter reinigen kann.

In einem der untersuchten Betriebe beispielsweise werden etwa 50 Schulze-und-Schultz-Universalgeräte und 10 Mertz-Einzelbefeuchter von einer Kreiselpumpe gespeist. Dieser Pumpe ist ein Umlaufwasserfilter, dessen Wandungen aus Eisenbeton hergestellt sind, vorgeschaltet. Dieser große Filterbehälter ist durch Trennwände unterteilt. Die einzelnen Abteile sind mit Holzwolle gefüllt. Das Umlaufwasser muß zwangläufig die Holzwollschichten durchströmen und wird dabei von den mitgeführten Schmutz- und Faserteilchen gereinigt. Diese Art der Umlaufwasserreinigung hat sich seit vielen Jahren vorzüglich bewährt. Die Wartung und Pflege dieser Anlage besteht lediglich darin, daß von Zeit zu Zeit — etwa alle zwei Wochen — der Filterbehälter gereinigt und neue Holzwolle eingefüllt wird.

Die Luftbefeuchtungsgeräte selbst bedürfen nur einer sehr geringen Überwachung. Die Luftverteilungsrohre halten sich innen — entgegen den oft zu hörenden gegenteiligen Ansichten — dadurch selbst sauber, daß sie ständig von übersättigter Luft bespült werden. Es ist ratsam, die Arbeitsweise der Zerstäubungsdüsen in Abständen von einigen Tagen zu überprüfen. Die Gefahr einer Verschmutzung und Verstopfung der Düsen ist jedoch sehr gering, wenn der Spritzwasserpumpe nur einwandfrei gefiltertes Umlaufwasser zugeführt wird. Eine ständige Überwachung dieser Art von Luftbefeuchtungsanlagen ist also nicht notwendig.

Bei Klimaanlagen ist das anders. Das ist durch den Aufbau und die Arbeitsweise dieser Anlagen mit zentraler Luftaufbereitung bedingt.

Hauptsächlich erstreckt sich die ständige Wartung auf die Reinerhaltung des Spritzwassers. Durch das Spritzwasser werden alle Verunreinigungen der Luft — insbesondere die von der Umluft aus dem Arbeitsraum mitgeführten Schmutz- und Faserteilchen — im Wascher aus der Luft herausgewaschen. Bevor das Umlaufwasser zur Pumpe gelangt, wird es durch Siebe aus engmaschigem Drahtgewebe gereinigt. Es ist verständlich, daß ein störungsfreier Wasserkreislauf nur gewährleistet ist, wenn ein bestimmter Verschmutzungsgrad der Siebe nicht überschritten wird. Die Erfahrung hat gelehrt, daß deshalb die Siebe in Abständen von 1 bis 2 Stunden gereinigt werden müssen. Je mehr Umluft der Zentrale zugeführt wird, desto häufiger ist eine Reinigung erforderlich.

Einige Male am Tage, auch abhängig von der Umluftmenge, ist ebenfalls eine Säuberung des Umluftansauggitters von Faserflug erforderlich, der von der Umluft aus dem Arbeitssaal mitgeführt wird und am Ansauggitter haften bleibt.

Eine Reinigung der Spritzdüsen muß in der Regel nur dann erfolgen, wenn die Reinigung des Umlaufwassers vernachlässigt wird.

Antriebsmotoren, Ventilatoren und Pumpen bedürfen einer Überwachung, wie es vom allgemeinen Maschinenbetrieb her bekannt ist.

Die Luftverteilungskanäle verschmutzen normalerweise nicht, es ist jedoch darauf zu achten, daß die Klimaanlage niemals ohne Waschung der zugeführten Luft arbeitet.

Neben der ständigen Wartung ist jede Woche der Wascher einmal einer gründlichen Reinigung zu unterziehen.

Eine Klimaanlage wird immer nur unter der Voraussetzung einwandfrei arbeiten, daß eine geschulte und zuverlässige Arbeitskraft zur ständigen Wartung und Pflege bereitgestellt wird. Dabei ist es ohne weiteres möglich, einem Wärter mehrere Klimaanlagen anzuvertrauen.

5. Über Anlage- und Betriebskosten.

Lange Zeit hat sich die Textilindustrie nicht für den Einbau von Klimaanlagen entschließen können, obwohl mit den vorhandenen Befeuchtungsanlagen in Räumen mit hohem »spezifischem Wärmeanfall« keine befriedigenden Erfolge zu erzielen waren.

Es ist anzunehmen, daß die verhältnismäßig hohen Anlage- und Einbaukosten für Klimaanlagen mit zu dieser ablehnenden Einstellung beigetragen haben.

Wenn sich in dieser Hinsicht auch nicht ganz einwandfreie Vergleiche zwischen Klimaanlagen und Einzelluftbefeuchtern ziehen lassen, so läßt sich doch schlechthin sagen, daß sich die Anlagekosten zwischen diesen beiden Gruppen wie 1 zu 2 verhalten.

Um aber eine Lösung der Raumluftfrage in den Arbeitsräumen mit hohem »spezifischem Wärmeanfall« herbeizuführen, ist man trotz der hohen Anlagekosten allmählich zum Einbau von Klimaanlagen übergegangen.

Die mit Klimaanlagen erzielten Erfolge sind, wie früher schon gesagt, befriedigend, aber die dafür aufzuwendenden Betriebskosten werden allgemein als zu hoch angesehen. Diese Ansicht ist durchaus berechtigt. Als Vergleich sei hier eingefügt, daß die Betriebskosten der Klimaanlage durchweg doppelt so hoch sind wie die der Einzelluftbefeuchtungsanlagen. Als Vergleichszahl sei weiter genannt, daß der Kraftverbrauch einer Klimaanlage im Ringspinnsaal mehr als 20% des gesamten Kraftbedarfs der in diesem Arbeitsraum vorhandenen Ringspinnmaschinen ausmacht.

Es soll nachfolgend untersucht werden, auf welche Weise eine Senkung der Betriebskosten von Klimaanlagen möglich ist. Diesen Untersuchungen liegen Angaben und Zahlenwerte von Firmen der Elektro- und Lüftungsindustrie[1]) zugrunde.

Eine Einsparung an Betriebskosten ist möglich durch Kraftbedarfsverminderung des Zuluftventilators. Der Kraftverbrauch für die Förderung der Luft ist abhängig von der geförderten Luftmenge, dem gesamt zu erzeugenden Druck und dem Wirkungsgrad von Ventilator und Antriebsmotor.

Bisher hat man für Klimaanlagen fast ausschließlich Zentrifugalventilatoren gewählt, deren Wirkungsgrad sehr zu wünschen übrig läßt. In den untersuchten Betrieben haben die Zentrifugalventilatoren der bereits vorhandenen Klimaanlagen höchste Wirkungsgrade von etwa 55%. Ein solcher Wirkungsgrad ist für Klimaanlagen, die eine große Benutzungsdauer haben, untragbar und ebenfalls unverantwortlich, da die Lüftungsindustrie heute Ventilatoren auf den Markt bringt, die einen Wirkungsgrad von mehr als 80% haben; dadurch allein ist eine Ersparnis an Kraftaufwand von mehr als 30% zu erzielen. Bei diesen wirtschaftlich günstigeren Ventilatoren handelt es sich um Schraubenlüfter, die gerade in den letzten Jahren besonders durch die Anforderungen der Flugtechnik entwickelt und immer mehr verbessert worden sind.

Um nun die Betriebskosten zu senken, ist es aber nicht damit getan, einen Lüfter mit möglichst gutem Wirkungsgrad zu wählen, denn allein auf den Lüfter kommt es nicht an, sondern zusammen auf den Lüfter und die Art der selbsttätigen Regelung der jeweils erforderlichen Zuluftmenge.

---

[1]) Siemens-Schuckert-Werke. Allgemeine Elektrizitäts-Gesellsch. Netzschkauer Maschinenfabrik, Netzschkau/Sa. König Friedrich August-Hütte AG., Freital-Dresden. Vereinigte Windturbinenwerke AG., Meißen/Sa.

Eine Untersuchung dieser Zusammenhänge wird eine Klärung über die Frage der Betriebskostenverminderung von Klimaanlagen herbeiführen.

Es sei zunächst zurückgegriffen auf den Abschnitt H 3 a über den Aufbau und die Wirkungsweise einer in den untersuchten Betrieben vorhandenen Klimaanlage (Bild 56). Bei dieser Klimaanlage wird die Zuluft von einem Zentrifugalventilator, den ein Drehstrom-Asynchron-Motor mit konstanter Drehzahl antreibt, durch die Luftverteilungskanäle in den Arbeitsraum gefördert.

Die erforderliche Zuluftmenge ist, wie wir wissen, abhängig von dem jeweiligen Wärmeanfall im Arbeitssaal und wird durch die in jeden Luftverteilungskanal eingebaute Regelklappe geregelt. Die Regelklappen wiederum werden von den im Arbeitssaal angebrachten Hygrostaten gesteuert. Es handelt sich hier um eine Drosselregelung der Zuluft. Den jeweiligen Anforderungen des Raumluftzustandes entsprechend wird also die Zufuhr der Zuluft in den Luftverteilungskanälen mehr oder weniger gedrosselt.

Diese Art der Zuluftmengenregelung führt dazu, daß sich der statische Druck der Zuluft im Luftkanal zwischen dem Ventilator und den Regelklappen stets im Wechsel des Drosselvorganges ändert. Dadurch ist ein Kraftverlust bedingt, der vermieden werden kann.

An Hand der Bilder 60 a bis 60 d sollen diese Zusammenhänge näher erläutert werden. Es muß aber vorausgeschickt werden, daß es hier nicht darum zu tun ist, durch diese Schaubilder absolute Zahlenwerte zu vermitteln, sondern die Tendenz besonders charakteristischer Kurven zu zeigen.

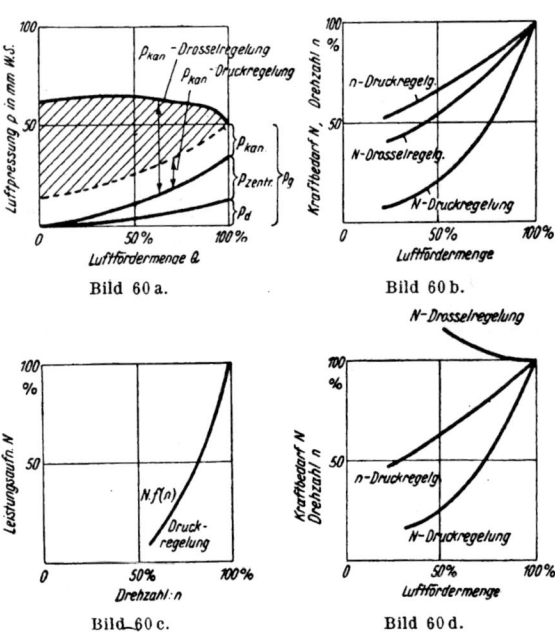

Bild 60 a.   Bild 60 b.

Bild 60 c.   Bild 60 d.

Bild 60. Zur Untersuchung der Drosselregelung und der Druckregelung bei Klimaanlagen.

Bild 60 a. Beziehung zwischen der Gesamtpressung und der Luftfördermenge eines Zentrifugalventilators.

Bild 60 b. Kraftbedarf eines Zentrifugalventilators bei Drosselregelung und bei Druckregelung in Abhängigkeit von der Luftfördermenge.

Bild 60 c. Abhängigkeit der Leistungsaufnahme von der Drehzahl für einen Zentrifugalventilator bei Druckregelung.

Bild 60 d. Kraftbedarf eines Schraubenlüfters in Abhängigkeit von der Luftfördermenge.

Bild 60 a gibt Aufschluß über die Beziehung zwischen dem vom Ventilator erzeugten Gesamtdruck und der geförderten Luftmenge Q. Der Gesamtdruck p_g setzt sich zusammen aus dem dynamischen Druck p_d, der zur Erzeugung der Luftgeschwindigkeit nötig ist, dem statischen Druck $p_{Zentr.}$, der durch den Widerstand der Klimaanlagenzentrale entsteht, und dem statischen Druck $p_{Kan.}$, der durch den Widerstand des Luftkanals entsteht.

Bei Verminderung der Zuluftfördermenge durch Drosselung werden die Drucke p_d und $p_{Zentr.}$ kleiner, der statische Druck $p_{Kan.}$ im Luftkanal dagegen steigt mit zunehmender Drosselung ständig an. Bei jeder anderen außer der maximalen Fördermenge des Zentrifugalventilators der Klimaanlage wird der statische Druck zu groß, so daß dadurch eine empfindliche Kraftverlustquelle entsteht.

Wie wir von früheren Ausführungen her wissen, braucht eine Klimaanlage nur dann mit maximaler Zuluftmenge zu arbeiten, wenn der Wärmeeinfluß der Außenluft auf die Raumluft einen bestimmten höchsten Wert erreicht. Das ist in den warmen Jahreszeiten meistens nur für wenige Stunden am Tage der Fall. Andererseits ist die von der Klimaanlage in den Arbeitssaal zu fördernde Zuluftmenge am kleinsten, wenn im Winter der Wärmefluß aus dem Arbeitssaal durch die Gebäudeteile seinen Höchstwert erreicht.

In welchen Grenzen die Zuluftfördermengen der Klimaanlage schwanken werden, hängt davon ab, inwieweit die Bauweise des Arbeitsraumes die außenklimatischen Einflüsse auf den Raumluftzustand hemmt bzw. begünstigt. In einem Shedbau ist der Unterschied zwischen dem Größt- und Kleinstwert der dem Arbeitsraum zuzuführenden Zuluftmenge verständlicherweise größer als in einem massiven Hochbau.

Nach diesem kurzen Überblick ist leicht einzusehen, daß die Drosselregelung für Klimaanlagen — insbesondere für Arbeitsräume in Shedbauten — unwirtschaftlich sein muß.

Dieser Nachteil bei der Benutzung von Klimaanlagen kann ausgemerzt werden, wenn statt der Drosselregelung die sog. Druckregelung angewendet wird.

Die Anwendung der Druckregelung setzt eine stufenlose Drehzahlregelung des Zuluftventilators voraus. Die Drehzahl des Ventilators muß entsprechend der dem Arbeitsraum jeweils zuzuführenden Luftmenge geändert werden. Das geschieht in der Weise, daß ein in den Hauptzuluftkanal zwischen Ventilator und den Luftverteilungskanälen eingebautes druckempfindliches Fernsteuergerät selbsttätig die Ventilatordrehzahl so steuert, daß der statische Druck im Hauptkanal stets konstant bleibt.

Da bei dieser Druckregelung der statische Druck $p_{Kan.}$ bei jeder anderen Luftmenge genau so groß ist wie bei der maximalen, deshalb ist eine Krafteinsparung zu erzielen,

die bei Anwendung eines Zentrifugalventilators der schraffierten Fläche in Bild 60a entspricht.

Der Unterschied zwischen dem Kraftbedarf eines Zentrifugalventilators bei Drosselregelung und bei Druckregelung in Abhängigkeit von der Luftfördermenge ist aus Bild 60b zu ersehen. Bei 70 bis 80% der maximalen Fördermenge beträgt der Kraftgewinn etwa 25%.

Die Vorteile der Druckregelung müssen allerdings durch erhöhte Anlagekosten erkauft werden. Für den Antrieb des Ventilators muß statt des sonst gebräuchlichen Schleifringläufermotors ein stufenlos regelbarer Drehstrom-Nebenschluß-Kollektormotor gewählt werden. Die Preise für diese beiden Motorenarten stehen im Verhältnis wie 1 zu 3. Bei weiterer Einführung und Entwicklung bleibt es den interessierten Kreisen vorbehalten, eine preisgünstigere stufenlose Drehzahlregelung — vielleicht auf mechanischem oder hydraulischem Wege — zu finden oder zu schaffen.

Die Druckregelung ist bis heute erst in wenigen Fällen zur praktischen Ausführung gekommen. Ihre Einführung ist aber auch im Sinne des zweiten Vierjahresplanes der Deutschen Reichsregierung wegen der damit zu erzielenden bedeutenden Krafterersparnisse sehr zu begrüßen.

Um die Drehzahlregelung einwandfrei durchführen zu können, ist es notwendig, die Beziehung zwischen der Leistungsaufnahme und der Drehzahl für jeden Ventilator zu kennen, denn danach muß der regelbare Antriebsmotor ausgelegt werden.

Bild 60c zeigt diese Beziehung für einen Zentrifugalventilator.

Wenn nun statt des Zentrifugalventilators ein Schraubenlüfter mit bestem Wirkungsgrad bei Anwendung der Druckregelung gewählt wird, dann wird die durch die Druckregelung zu erzielende Krafterersparnis noch vermehrt um die durch den Wirkungsgrad bedingte Verminderung des Leistungsbedarfs. Eine Klimaanlage mit Schraubenlüfter und Druckregelung erfordert den geringsten Kraftaufwand.

Es liegt in der Charakteristik des Schraubenlüfters begründet, daß man diesen Lüfter aber nur in Verbindung mit der Druckregelung anwenden kann. Aus Bild 60d geht das eindeutig hervor. Die Drosselregelung führt nämlich bei Verminderung der Luftfördermenge zu einer Steigerung des Kraftbedarfs. Deshalb ist die Anwendung eines Schraubenlüfters in Verbindung mit der Drosselregelung von vornherein abzulehnen.

K. Richtlinien für die praktische Auswertung der Untersuchungsergebnisse.

Die vorliegende Arbeit hat gezeigt, daß die Raumluftfrage im Textilbetrieb in befriedigender Weise nur unter Mitarbeit des Textilfachmannes zu lösen ist. Die Lüftungsindustrie muß die Geräte und Einrichtungen dafür schaffen und die auf lufttechnischem Gebiete gemeinhin gesammelten Erfahrungen und Kenntnisse zur Verfügung stellen — aus der Textilindustrie aber müssen die aus täglichen Beobachtungen und Feststellungen sich ergebenden Betriebserfahrungen kommen, die — wenn sie richtig ausgewertet werden — wesentlich dazu beitragen können, daß die für die Lösung der Raumluftfrage erforderlichen Anlagen und Einrichtungen unter bestmöglicher Berücksichtigung textiltechnischer, betriebstechnischer und bautechnischer Belange in die Arbeitsräume eingefügt werden.

Die Untersuchungen und Ausführungen dieser Arbeit werden ein Brücke sein zwischen Textilindustrie und Lüftungsindustrie.

In diesem Sinne ist auch das Versuchsergebnis zu werten, das nachfolgend in diese Schlußbetrachtungen eingereiht werden soll.

1. Über die Zweckmäßigkeit der Verwendung und Führung von Betriebsluft in den Arbeitsräumen des Textilbetriebes.

Wegen des hohen »spezifischen Wärmeanfalls« in Ringspinnsälen ist es zweckmäßig — nach dem heutigen Ent-

wicklungsstand lufttechnischer Anlagen sogar notwendig — in diese Arbeitsräume Klimaanlagen einzubauen. Um ständig einen gleichbleibenden Raumluftzustand — das »spezifische Raumklima« — zu halten, muß selbst in den kalten Jahreszeiten fast immer ein Teil der dem Arbeitssaal zugeführten Zuluft als Fortluft abgeführt werden.

Diese Fortluft aus klimatisierten Arbeitsräumen hat einen stets gleichbleibenden Zustand genau so wie die Raumluft selbst. Da die Fortluft nun nicht abgeführt wird, weil sie verbraucht ist, sondern lediglich aus dem Grunde, um durch sie als Wärmeträger die überschüssige Wärme aus den Ringspinnsälen zu entfernen, liegt es sehr nahe, diese Fortluft im Betrieb noch weiter nutzbringend zu verwenden.

Untersuchungen und Berechnungen haben dazu geführt, diese Frage praktisch zu lösen und dabei sehr befriedigende Erfolge zu erzielen.

Ein paar Zahlen überzeugen leicht davon, daß in gesundheitlicher Hinsicht keine Bedenken dagegen zu bestehen brauchen, die Fortluft aus Ringspinnsälen in anderen Betriebsräumen nochmals als Raumluft zu verwenden: In Ringspinnsälen sind durchschnittlich so wenig Arbeiter beschäftigt, daß je Person ein Luftraum von etwa 150 m³ zur Verfügung steht. In diesen Räumen ist aus lufttechnischen Gründen oft ein mehr als 20facher stündlicher Luftwechsel notwendig. Die Raumluft erfährt durch die Verarbeitung der Rohstoffe keine feststellbare Beimischung gesundheitsschädlicher Bestandteile.

In textiltechnischer Hinsicht sind ebenfalls keine Bedenken vorhanden, die Fortluft aus Ringspinnsälen weiter zu verwenden. Im Gegenteil, für Arbeitsräume der Vorspinnerei ist diese Luft sogar vorzüglich geeignet. In Strecken- und Flyersälen wird eine Raumluft gefordert, die eine höhere Temperatur und eine niedrigere relative Feuchtigkeit als die Raumluft in Ringspinnsälen hat. Wenn Fortluft aus einem Ringspinnsaal in einen Strecken- und Flyersaal geleitet wird, dann wird diese Forderung ohne weiteres erfüllt, da der Zustand der zugeführten Luft durch den Wärmeanfall im Arbeitsraum in diesem Sinne geändert wird.

Auf Grund dieser Erwägungen sind folgende Vorkehrungen getroffen worden, um die Fortluft aus einem klimatisierten Ringspinnsaal als Zuluft für einen Strecken- und Flyersaal zu verwenden:

Es handelt sich hierbei um einen Hochbau. Der Strecken- und Flyersaal liegt im Erdgeschoß und der Ringspinnsaal im ersten Obergeschoß. Im Strecken- und Flyersaal wurde die Raumluft bisher durch Luftbefeuchtungsgeräte von Schulze und Schultz aufbereitet. Auf diese Luftaufbereitung wurde verzichtet. Die Luftverteilungskanäle dieser Anlage sind aber weiter verwendet worden; sie sind durch einen geschlossenen Rohrkanal mit dem Ringspinnsaal in der Weise in Verbindung gebracht worden, wie Bild 61 das zeigt. In den Verbindungskanal zwischen den beiden Arbeitsräumen ist ein Lüfter eingebaut worden, der die Fortluft aus dem Ringspinnsaal durch ein Ansauggitter, das in der gleichen Art wie die Umluftansauggitter für Klimaanlagen ausgeführt worden ist, ansaugt und sie durch den Luftverteilungskanal in den Strecken- und Flyersaal fördert.

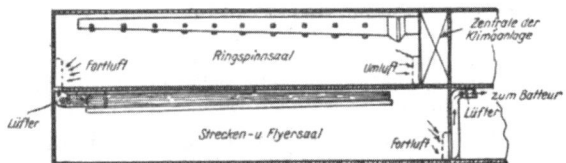

Bild 61. Schnitt durch einen Spinnereibau.
Schematische Darstellung über die Verwendung der Fortluft aus einem klimatisierten Ringspinnsaal für die Belüftung eines Strecken- und Flyersaales und einer nochmaligen Verwendung dieser Luft für den Batteur. (Näheres darüber s. Abschnitt K_1.)

Das auf diese Weise erzielte Ergebnis ist durchaus befriedigend, wie aus den Bildern 47c und 47d zu ersehen ist. Bild 47c enthält die aufgeschriebenen Werte von Temperatur und relativer Feuchtigkeit aus dem Ringspinnsaal, aus dem die Fortluft entnommen wurde und Bild 47d die zu gleicher Zeit aufgeschriebenen entsprechenden Werte aus dem Strecken- und Flyersaal, dem diese Fortluft zugeführt wurde.

Die Menge der zuzuführenden Fortluft ist abhängig von dem »spezifischen Wärmeanfall«, wie wir von früheren Ausführungen her wissen, und richtet sich weiter nach dem erforderlichen Endzustand der Raumluft. Die für die Planung notwendigen Zahlenwerte lassen sich mit Hilfe des Ix-Diagramms ermitteln.

Bild 62 gibt Aufschluß über die Zustandsänderungen bei Anwendung von Fortluft. In Zustand 1 wird die Fortluft dem Arbeitssaal zugeführt. Die Zustandsänderung erfolgt auf einer Geraden $x =$ konst. und endet im Zustand 2, dem Raumluftzustand im Strecken- und Flyersaal. Diesen Zustandsverlauf nimmt die Fortluft bei Verwendung in der vorhin besprochenen Weise.

Der »spezifische Wärmeanfall« im Strecken- und Flyersaal und die zugeführte Luftmenge müssen so aufeinander abgestimmt sein, daß das »spezifische Raumklima« zustande kommt. Wenn aber der Wärmeanfall im Verhältnis zur Fortluftmenge, die aus dem Ringspinnsaal zur Verfügung

gestellt werden kann, zu groß ist, dann muß entweder eine Raumluft mit höherer Temperatur und entsprechend niedrigerer relativer Feuchtigkeit in Kauf genommen werden, oder die für die Verwendung der Fortluft hergestellte Anlage muß zweckmäßig ergänzt werden. Das kann in der Weise erfolgen, daß eine Wasserzerstäubungsdüse in den Fortluft-Verbindungskanal eingebaut wird. Durch Zerstäuben von Wasser im Fortluftstrom wird diese Luft befeuchtet und gekühlt. (Der Vorgang spielt sich auf einer Geraden $t_f =$ konst. ab.) Da die Fortluft aus dem Ringspinnsaal immer einen gleichbleibenden Zustand hat, muß zwangläufig auch der Zustand der befeuchteten Luft bei einer bestimmten Stellung des Drosselventils der Zerstäubungsdüse immer konstant bleiben. Eine einmal als richtig ermittelte Stellung des Drosselventils kann immer beibehalten werden.

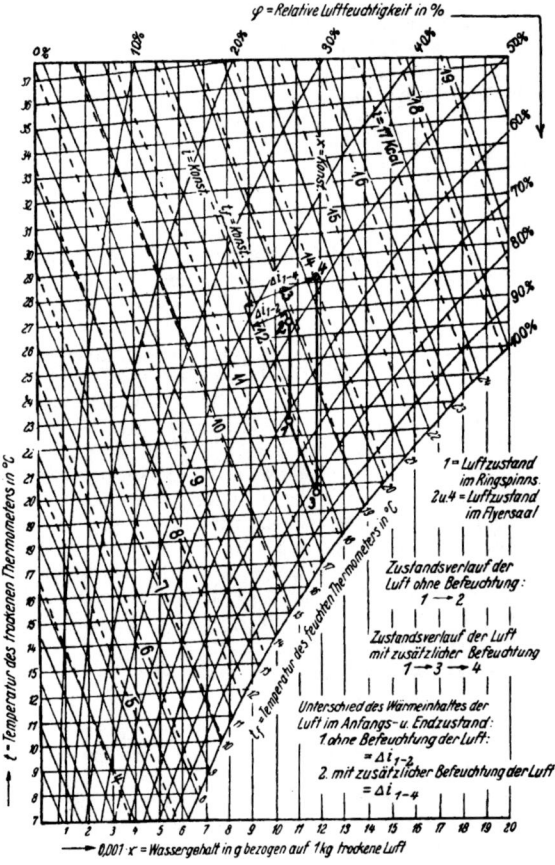

Bild 62. Beispiel für den Zustandsverlauf der Luft bei Verwendung der Fortluft aus einem klimatisierten Ringspinnsaal für die Belüftung eines Strecken- und Flyersaales.

Die physikalischen Zusammenhänge dieses Vorganges zeigt Bild 62 an einem Beispiel. Durch die Befeuchtung ändert sich der Zustand 1 der Fortluft in Zustand 3. In diesem Zustande 3 wird die Luft dem Strecken- und Flyersaal zugeführt. Durch den Wärmeanfall im Arbeitssaal entsteht (bei $x =$ konst.) der Endzustand 4. Auf diese Weise ist es möglich, durch 1 kg zugeführter Luft eine bedeutend größere Menge der im Arbeitssaal anfallenden Wärme zu binden als bei der Verwendung der Fortluft ohne zusätzliche Befeuchtung. Der Unterschied ist den Werten Δi_{1-2} und Δi_{1-4} zu entnehmen.

Die Fortluft aus einem klimatisierten Ringspinnsaal kann, wie wir gesehen haben, mit Erfolg für die Belüftung eines Strecken- und Flyersaales verwendet werden. Aber weiterhin kann diese Luft eine nochmalige Verwendung für den Batteur finden.

Nähere Ausführungen über die Verwendung von Betriebsluft für den Batteur sind bereits in Abschnitt F 1 gemacht worden, so daß hier nur noch einige Angaben über die dort schon angedeutete zweckmäßige Lösung der Belüftung im Batteur gemacht zu werden brauchen. In allen Textilbetrieben stehen Batteur einerseits und andererseits alle Ringspinnsäle zusammen in einem solchen Größenverhältnis zueinander, daß der Luftbedarf des Batteurs ohne weiteres durch die Fortluft aus allen klimatisierten Ringspinnsälen stets gedeckt werden kann. Diese Luft kann dem Batteur in derselben Weise zugeführt werden wie vorher dem Strecken- und Flyersaal. Es muß darauf geachtet werden, daß sie den Räumen der Vorspinnerei durch Ansauggitter, die möglichst niedrig im Raum einzubauen sind, entnommen wird.

Im Batteur erfährt die Luft keine wesentliche Zustandsänderung. Denn der Wärmeanfall durch die Arbeitsmaschinen kann sich auf den Raumluftzustand selbst kaum auswirken, da die Luft von den Batteurmaschinen angesaugt und dann, ohne mit dem Raum wieder in Berührung zu kommen, abgeführt wird. Auf diese Weise wird gleichzeitig auch die Anwendungsfrage von Schlauchfilteranlagen (F 1) befriedigend gelöst, da nunmehr die Luft nach der Reini-gung in der Filteranlage restlos ins Freie abgeführt werden kann.

Hier ist nun ein Weg gezeigt worden, wie man in harmonischer Weise mit verhältnismäßig geringen Mitteln die Raumluftfrage im Spinnereibetrieb lösen kann[1]).

Es mag zunächst für die Lüftungsindustrie nicht sehr verlockend erscheinen, nach diesen Gesichtspunkten Anlagen und Einrichtungen zu schaffen und zu liefern. Aber letzten Endes wird es für die Lüftungsindustrie doch ein dankbares Aufgabengebiet sein, nach dieser Methode zu arbeiten; sie muß es sich angelegen sein lassen, noch Verbesserungen in der Verwendung und Führung der Luft in den Arbeitsräumen zu treffen und die letzten Feinheiten auf diesem Gebiete herauszuarbeiten. Das Ziel muß sein, nicht mehr für jeden Arbeitssaal eine in sich abgeschlossene Luftaufbereitungsanlage zu schaffen, sondern von vornherein die lufttechnischen Anlagen aller in einem Textilbetrieb vorhandenen Arbeitsräume aufeinander abzustimmen.

---

[1]) Für Lüftungsanlagen nach den in diesem Abschnitt entwickelten Gedankengängen hat der Verfasser um Patentschutz nachgesucht.

L. Schlußwort.

In dieser Arbeit sind Untersuchungs- und Meßergebnisse, Berechnungen und Erfahrungen, die sich über eine Zeitspanne von mehr als drei Jahren erstrecken, zusammengefaßt.

Die Aufgabe wurde darin gesehen, aus dem sehr umfangreichen Gebiet der Raumluftfrage im Textilbetrieb die Punkte herauszugreifen und zu untersuchen, die einer Klärung bedurften und die deshalb bisher die Lösung der Raumluftfrage erschwerten.

Es kann nun nicht im Sinne dieses Schlußwortes liegen, alle Ergebnisse dieser Untersuchungen hier nochmals aufzuzeigen. Rückschauend sollen vielmehr diejenigen Fragenbereiche herausgestellt werden, die sich bei den Untersuchungen als besonders bemerkenswert und richtungweisend für die Lösung der Raumluftfrage im Textilbetrieb erwiesen haben.

Diese Hauptgebiete sind:

1. Der Luftzustand und seine Messung,
2. Beziehung zwischen Außenluft und Raumluft,
3. der Zustand der Zuluft bei Luftaufbereitungsanlagen,
4. gemeinsame Luftaufbereitung für mehrere Arbeitsräume.

Zu 1. Die Tatsache, daß die Ansichten der Textilfachleute über den jeweils besten Raumluftzustand für die Verarbeitung textiler Rohstoffe oft sehr voneinander abweichen, ist offensichtlich dadurch begründet, daß in den meisten Textilbetrieben unzuverlässige Meßgeräte benutzt werden.

Zur Klärung dieser Frage war es notwendig, die physikalischen Grundlagen zur Messung des Luftzustandes zu erörtern, soweit es für den Textilfachmann von wesentlicher Bedeutung ist. Dabei hat sich als sehr wertvolles Hilfsmittel das Ix-Diagramm für feuchte Luft herausgestellt, nachdem es in zweckmäßiger Weise durch Eintragung der Linienschar $t_f =$ konst. vom Verfasser ergänzt wurde.

Es wurden Mittel und Wege gezeigt, die zu einer einwandfreien Messung und Überwachung des Luftzustandes führen. Sobald diese Allgemeingut der Textilindustrie geworden sind, werden sich allmählich einheitliche Werte für den Raumluftzustand bei den verschiedenartigen Verarbeitungen von Faserstoffen einführen lassen, denen der Verfasser die Bezeichnung: »Spezifisches Raumklima« gegeben hat.

Zu 2. Der Raumluftzustand ist nicht so sehr Schwankungen durch den Einfluß der Außenluft unterworfen, wie es allgemein angenommen wird. Durch Untersuchungen ist nachgewiesen worden, daß die Schwankungen der Außenluft infolge der Isolier- und Speicherwirkung von Gebäudeteilen sich nur in ganz geringem Maße auf die Raumluft übertragen können.

In Textilbetrieben nimmt die relative Luftfeuchtigkeit — entgegen der darüber sehr verbreiteten Ansicht — in Arbeitspausen praktisch niemals so hohe Werte an, daß dadurch Störungen im Fertigungsvorgang entstehen können. Eine empfindliche Leistungsminderung kann aber wohl durch zu starke Auskühlung der Arbeitsräume — insbesondere der Ringspinnsäle — entstehen. Diese Vorgänge haben durch zahlenmäßige Untersuchungen eine eindeutige Klärung gefunden.

Zu 3. Eine sehr große Bedeutung in der Lösung der Raumluftfrage der Textilindustrie hat der Wärmeanfall in den Arbeitsräumen. Jeder Arbeitssaal hat einen bestimmten Wärmeanfall, den man berechtigterweise als »spezifischen Wärmeanfall« bezeichnen kann. Damit ist eine Vergleichsgröße für die einzelnen Arbeitsräume gegeben.

Vom »spezifischen Wärmeanfall« und dem Endzustand der Raumluft, dem »spezifischen Raumklima«, hängt es wesentlich ab, ob durch die Luftaufbereitungsanlagen dem betreffenden Arbeitssaal die Zuluft in gesättigtem, ungesättigtem oder übersättigtem Zustande zuzuführen ist. Diese drei Möglichkeiten sind an Hand des Ix-Diagramms eingehend untersucht worden.

Nach dem heutigen Entwicklungsstand lufttechnischer Anlagen können in Ringspinnsälen nur Klimaanlagen für eine befriedigende Lösung der Raumluftfrage in Betracht kommen. Es ist aber eine unbedingte Notwendigkeit, ihre Arbeitsweise wirtschaftlicher zu gestalten. Die Voraussetzungen dafür sind gegeben.

Zu 4. Die Messungen und Versuchsergebnisse der vorliegenden Arbeit gaben dem Verfasser die Anregung, die Fortluft aus klimatisierten Ringspinnsälen für andere Arbeitsräume nochmals zu verwenden. Praktische Versuchsergebnisse haben gezeigt, daß auf diese Weise eine äußerst wirtschaftliche und harmonische Lösung der Raumluftfrage im Textilbetrieb möglich ist. Es muß Aufgabe der Lüftungsindustrie sein, diese Art der Lösung der Raumluftfrage im Textilbetrieb aufzugreifen und nach diesen Gesichtspunkten weiterzuarbeiten.

Schrifttum

(1) Müller, E. Über den Wassergehalt der Faserstoffe in seiner Abhängigkeit von dem Feuchtigkeitsgehalt der Atmosphäre. Ziviling. 1882, S. 158.

(2) Österreichs Wollen- und Leinen-Industrie. Luftbefeuchtung und Ventilation in der Textilindustrie. Reichenberg 1909.

(3) Willkomm, O. Beiträge zur Frage der Luftbefeuchtung in Spinnereien und Webereien. Habilitationsschrift Leipzig 1909.

(4) Meister, E. Die Bedeutung der Luftbefeuchtung in Baumwollspinnereien und Webereien. Z. VDI Bd. 73 1929, S. 308.

(5) Herzog, A. Fehler in textilen Rohstoffen. Melliand-Textilberichte. 1936, S. 170/177.

(6) Gröber, H. H. Rietschels Leitfaden der Heiz- und Lufttechnik. 10. Aufl. Berlin 1934.

(7) Liese, W. Kongreß für Heizung und Lüftung. Berichtheft 1935.

(8) Liese, W. Hygienische Gesichtspunkte für Heizungs- und Lüftungsanlagen. Z. VDI Bd. 79 1935, S. 125/129.

(9) Bongards, H. Feuchtigkeitsmessung. München 1926.

(10) Mollier, Ein neues Diagramm für Dampfluftgemische. Z. VDI Bd. 67 1923, S. 869.

(11) Grubenmann. Ix-Tafeln feuchter Luft. Berlin 1926.

(12) Koeniger. Die Klimaanlage. Z. VDI Bd. 77 1933. S. 989/997.

(13) Schwartz. „Die Meßtechnik", 1933, Heft 5.

(14) Sommer. Der Einfluß der Luftfeuchtigkeit auf den Feuchtigkeitsgehalt der Faserstoffe. Melliand-Textilberichte 1928, S. 214.

(15) Rybka, K. R. Klimatechnik. München 1937.

(16) Setzer. Feuchteauf- und -abnahme von Baumwollgarnen. Melliand-Textilberichte 1936, S. 714.

(17) Obermiller. Die Abhängigkeit des Feuchtigkeitsgehaltes der Textilfasern von der herrschenden Luftfeuchtigkeit. Melliand-Textilberichte 1926, S. 71.

(18) Bradtke, F. Grundlagen für Planung und Entwurf von Klimaanlagen. Z. VDI Bd. 82 1938, S. 1473.

(19) Uber. Bau- und Betriebstechnisches für Zentralheizungen in preußischen Staatsgebäuden. Berlin 1915.

(20) Uber. Bau- und Betriebstechnisches für Zentralheizungen. Berlin 1916.

(21) Bradtke, F. u. Liese, W. Hilfsbuch für raum- und außenklimatische Messungen. Berlin 1937.

(22) VDI-Lüftungsregeln. Berlin 1937.

(23) Faltin. Aufbau und Regelung von Klimaanlagen. Z. VDI Bd. 83 1939, S. 264.

(24) Meister. Ursachen und Folgen der elektrostatischen Aufladung von Faserstoffen. Melliand-Textilberichte 1938, S. 21/26.

(25) Wietfeldt. Die Be- und Entlüftung des Normalarbeitsraumes. Berlin 1937.

(26) Kastner. Luftbefeuchtungsanlagen. München 1931.

(27) „Hütte". 25. Auflage, Bd. 1. Berlin 1925.

(28) Gramberg. Technische Messungen. Berlin 1920.

Anhang

Über Probleme bei der Klimatisierung von Arbeitsräumen in der Textilindustrie

Der Lüftungsfachmann wird dieses Thema als gegenstandlos erklären und sagen, daß es bei der Klimatisierung von Arbeitsräumen in der Textilindustrie keine Probleme mehr gibt. Von seinem Standpunkt aus ist das richtig. Die Beherrschung des Raumluftzustandes ist heute tatsächlich kein Problem mehr. Physikalische Gesetze, die die Grundlage für die Berechnung luft- und klimatechnischer Anlagen bilden, sowie reiche praktische Erfahrungen der Spezialingenieure bieten unbedingte Gewähr dafür, daß für jeden Arbeitsraum im Textilbetrieb Lüftungs- und Klimaanlagen geschaffen werden können, die sowohl in textiltechnischer, als auch in gesundheitlicher Hinsicht allen Anforderungen genügen.

Nicht so klar und eindeutig in seinen Einzelheiten ist dieses Thema für den Textilfachmann. Für ihn birgt die Raumluftfrage eine Reihe von Unklarheiten, die man als Probleme betrachten darf.

Messen des Raumluftzustandes

Daß das Raumklima auf die Gleichmäßigkeit oder schlechthin auf die Qualität textiler Erzeugnisse eine nicht zu unterschätzende Bedeutung hat, ist allgemein bekannt. Welche Zustandswerte der Raumluft, gekennzeichnet durch Raumlufttemperatur und relative Feuchtigkeit der Raumluft, für die einzelnen Fertigungsvorgänge aber ein Optimum

bilden, ist vielen Spinnern und Webern nicht bekannt. Wenn beispielsweise die Klimatisierung von Ringspinnsälen projektiert werden soll, schwanken die von den Spinnereileitern verlangten Werte der relativen Raumluftfeuchtigkeiten, für die die Klimaanlage ausgelegt werden soll, oft in weiten Grenzen. Das liegt daran, daß in vielen Betrieben die tatsächlich vorhandenen Zustandswerte der Raumluft nicht richtig gemessen werden und somit, lediglich infolge Anwendung falscher Meßmethoden, Unklarheit über die erstrebenswerten Raumluftverhältnisse herrscht.

Einwandfreie Meßergebnisse über die relative Luftfeuchtigkeit lassen sich nur mit dem Aspirationspsychrometer erzielen. Zur ständigen Überwachung des Raumluftzustandes genügen Haarhygrometer. Noch besser sind Thermohygrographen, die Temperatur und relative Feuchtigkeit gleichzeitig anzeigen und die Werte auf einen Meß-Streifen mit eintägiger oder wöchentlicher Laufzeit aufzeichnen. In beiden Fällen müssen die Anzeigewerte dieser Geräte in Zeitabständen von etwa 14 Tagen aber mit dem Aspirationspsychrometer nachgeprüft und gegebenenfalls die Geräte nachgeeicht werden.

Jeder Textilfachmann, für den die Raumluft ein mitbestimmender Faktor bei der Fertigung in seinen Betriebsräumen ist, sollte sich zum Grundsatz machen, die Raumluft nur nach der hier gezeigten Methode zu kontrollieren.

„Spezifischer Wärmeanfall"

Nicht selten werden für Ringspinnsäle bei Verarbeitung von Baumwolle relative Luftfeuchtigkeitswerte von 65% und mehr verlangt. Diese Forderungen sind übertrieben. Es genügen 60%. Die Klimaanlage kann dabei kleiner dimensioniert werden, und infolgedessen verringern sich Anlage- und Betriebskosten entsprechend. In allen faserverarbeitenden Betriebsräumen liegt der Bestwert der rel. Feuchtigkeit nicht unbedingt in sehr engen Grenzen. Gefordert werden muß nur auf jeden Fall, daß der einmal gewählte Wert der relativen Luftfeuchtigkeit durch die Luftaufbereitungsanlage konstant gehalten wird.

Zur Herstellung und Erhaltung des Raumklimas dienen Anlagen verschiedener Art und Wirkungsweise. Wir unterscheiden zwischen Klimaanlagen mit vollautomatischer Regelung der Raumlufttemperatur und der relativen Luftfeuchtigkeit und Luftbefeuchtungsanlagen. Wann sind Klimaanlagen erforderlich, um den betrieblichen Anforderungen gerecht zu werden, wann genügen Luftbefeuchtungsanlagen? Diese Frage wird in erster Linie durch den Wärmeanfall in den Arbeitsräumen entschieden.

Drei Wärmequellen ergeben im Arbeitssaal praktisch den gesamten Wärmeanfall, und zwar:

1. Wärme durch den Kraftverbrauch der Maschinen,
2. Wärme durch die Menschen,
3. Wärme durch den Einfluß der Außenluft.

Der Wärmeeinfluß der Außenluft hat im Sommer einen positiven und im Winter einen negativen Wert, er ist abhängig sowohl von außenklimatischen Verhältnissen, als auch von der Bauweise der Arbeitsräume.

Ich habe für die Arbeitsräume der Baumwolle und Zellwolle verarbeitenden Textilindustrie die Werte für den Wärmeanfall aus den drei obengenannten Wärmequellen ermittelt und die auf 1 m² Grundfläche in der Stunde im Arbeitsraum anfallende Wärme als „spezifischen Wärmeanfall" des betreffenden Arbeitsraumes bezeichnet. Die Zahlentafel (Seite 33) gibt diese Werte wieder.

Aus dieser Zahlenfolge ersehen wir, daß der Ringspinnsaal ein Arbeitsraum mit dem weitaus größten Wärmeanfall ist. Wenn die Ringspinnmaschinen zusätzlich noch mit Fadenabsauganlagen ausgerüstet werden, was man für einen fortschrittlichen Betrieb wohl voraussetzen darf, dann erhöhen sich die Werte für den spezifischen Wärmeanfall noch um 15 bis 20%.

Der veränderliche Wert Q_{AL} für den Wärmeeinfluß der Außenluft ist immer nur ein Teilbetrag des durch den Kraftverbrauch im Ringspinnsaal enstehenden Wärmeanfalls. Die Klimatisierung von Ringspinnsälen ist also nicht nur im Sommer, sondern auch im Winter ein Kühlproblem. Um diese großen Wärmemengen bewältigen zu können und dabei Temperatur und relative Feuchtigkeit im Raum konstant zu halten, sind für Ringspinnsäle Klimaanlagen mit 15- bis 25fachem Luftwechsel unerläßlich. Nur diese großen Luftmengen sind imstande, die überschüssige Wärme abzuführen.

Entstehung des Raumklimas

Es ist üblich, den Garantieleistungen von Klimaanlagen 30° C und 30% relative Feuchtigkeit als ungünstigsten Zustandswert der Außenluft zugrunde zu legen. Dieser Luft fehlt zur vollständigen Sättigung eine bestimmte Menge Wasserdampf. Wenn diese Luft mit Befeuchtungswasser so intensiv in Berührung gebracht wird, daß die Luft vollständig mit Feuchtigkeit gesättigt wird, die relative Feuchtigkeit also auf 100% ansteigt, dann wird die Luft auf 18° C, auf die unterste Kühlgrenze abgekühlt. Dieser Vorgang spielt sich gleicherweise beim Messen der relativen Luftfeuchtigkeit mit dem Aspirationspsychrometer am feuchten Thermometer, wie auch in der Befeuchtungskammer einer Klimaanlage ab. Das in der Befeuchtungskammer dabei im Kreise geführte Betriebswasser behält immer die Temperatur von 18° C bei, ohne auf künstliche Weise gekühlt zu werden. Für den auf lufttechnischem Gebiete weniger Geschulten ist dieser Vorgang sehr überraschend. Er wird aber leicht verständlich, wenn man berücksichtigt, daß bei diesem Vorgang die Temperatur der Luft zwar erheblich abnimmt, daß aber der Wärmeinhalt der Luft praktisch konstant bleibt. Die Luft gibt fühlbare Wärme ab und nimmt eine äquivalente Menge an Wärme durch die Sättigung mit Wasserdampf als nicht fühlbare Wärme wieder auf. Dieser und ähnliche Vorgänge lassen sich sehr leicht an Hand des Ix-Diagramms verfolgen (s. Seite 62).

An den meisten Tagen, auch im Hochsommer, hat die Außenluft aber Zustandswerte, bei denen eine tiefere Kühlgrenze ohne Anwendung künstlicher Kühlmittel erreicht wird.

Wir wollen aber noch bei dem angeführten Zahlenbeispiel verweilen, um einige bei manchem Spinner bestehende Unklarheiten zu beseitigen. Die auf 18° C abgekühlte und vollständig gesättigte Luft wird durch die Klimaanlage als Zuluft in den Arbeitsraum gefördert. Diese Zuluft erfährt im Arbeitsraum praktisch weder eine Feuchtigkeitsverminderung, noch nimmt sie an Feuchtigkeit (absolut) zu. Eine Zustandsänderung erfolgt lediglich durch den „spezifischen Wärmeanfall" im Arbeitsraum. Als Endzustand der Raumluft (spez. Raumklima) lassen sich nun verschiedene Werte erreichen. Je höher die relative Raumluftfeuchtigkeit gewünscht wird, um so tiefer bleibt die Raumlufttemperatur. Jedem relativen Feuchtigkeitswert ist ein ganz bestimmter Temperaturwert zugeordnet. Bei einer relativen Feuchtigkeit von 65% stellt sich nach physikalischen Gesetzen beispielsweise eine Temperatur von 25° C und bei einer relativen Feuchtigkeit von 60% eine Temperatur von etwa 26,3° C im Arbeitssaal ein. Diese Werte lassen sich variieren. Man braucht nur die im Arbeitsraum anfallende Wärmemenge mit der zuzuführenden Luftmenge in Einklang zu bringen. Bei den hier gewählten Zahlenwerten wird von jedem dem Ringspinnsaal zugeführten Kilogramm Luft (= 0,85 m³) bei einem Endzustand der Raumluft von 65% rel. Feuchtigkeit eine Wärmemenge von ~ 1,9 kcal und bei 65% eine Wärmemenge von ~ 2,2 kcal abgeführt. Der Unterschied zwischen dem Wärmeinhalt der Raumluft und dem der Zuluft bei Verlassen der Luftaufbereitungsanlage ergibt die von 1 kg Luft als Wärmeträger abgeführte Wärmemenge.

In einem Ringspinnsaal mit einer Grundfläche von etwa 1800 m², in dem bei wirtschaftlicher Raumausnutzung etwa 30000 Spindeln laufen können, beträgt der stündliche Wärmeanfall im Sommer, abhängig von der Bauweise des Gebäudes, etwa 350000 bis 400000 kcal, wenn die Maschinen mit Fadenabsauganlagen ausgerüstet sind.

Wenn der Endzustand der Raumluft eine relative Feuchtigkeit von 60% haben soll, dann beträgt die Luftleistung der Klimaanlage, wenn wir den maximalen Wärmeanfall zugrunde legen, stündlich

$$\frac{400\,000 \text{ kcal}}{2,2 \text{ kcal}} = \sim 182\,000 \text{ kg} \ (= \sim 155\,000 \text{ m}^3) \text{ Luft.}$$

Wenn aber eine relative Luftfeuchtigkeit von 65% im Ringspinnsaal verlangt wird, dann müssen dem Raum stündlich

$$\frac{400\,000 \text{ kcal}}{1,9 \text{ kcal}} = \sim 211\,000 \text{ kg} \ (= \sim 180\,000 \text{ m}^3) \text{ Luft}$$

zugeführt werden.

In der Differenz der Luftleistungen kommt der Unterschied im Kraftverbrauch und ebenfalls auch in der Größe der Anlagen selbst zum Ausdruck.

Künstliche Kühlung

Man hört immer wieder die Frage, ob es zweckmäßig sei, Klimaanlagen mit Kühlanlagen zu kombinieren. Soweit es sich um Klimatisierung in der Textilindustrie handelt, muß man diese Frage verneinen. Aus rein wirtschaftlichen Gründen ist eine künstliche Kühlung zu verwerfen. Mancher Betriebsleiter, der glaubte, im Hochsommer die Raumtemperatur dadurch drücken zu können, daß er Eisbarren in das Umwälzwasser der Waschkammer seiner Klimaanlage werfen ließ, hat die durch diese Maßnahme erhoffte fühlbare **Wirkung** vermißt. Ein paar Zahlen vermögen das leicht zu begründen.

500 kg Eis können etwa 40 000 kcal binden. Wenn diese Eismenge der Klimaanlage in einem Ringspinnsaal nach unserem obigen Zahlenbeispiel mit einem Wärmeanfall von 400 000 kcal/h stündlich zugegeben würde, dann könnte bei günstigstem Ausnutzungsgrad dadurch die Raumlufttemperatur im Ringspinnsaal nicht einmal um 1° C gesenkt werden.

Mit einer gut funktionierenden Klimaanlage läßt sich auf jeden Fall auch im heißesten Sommer eine Raumluft ohne künstliche Kühlung erzielen, die erträglicher ist als die Außenluft zu dieser Zeit.

Temperierung der Arbeitsmaschinen

Man klagt oft darüber, daß der Spinnereibetrieb nach Betriebspausen schlecht läuft. Die Ursache ist nicht unmittelbar ein Klimatisierungsproblem, sondern ist in der mangelhaften Beheizung der Arbeitsräume zu suchen. Wenn das schon bei Baumwolle der Fall ist, dann trifft das erst recht für Zellwolle zu. Es genügt nicht allein, durch kurzes Heizen die Raumluft auf die erforderliche Temperatur zu bringen, sondern es muß so geheizt werden, daß auch die Arbeitsmaschinen selbst nahezu Raumtemperatur vor Arbeitsbeginn angenommen haben. Hierzu ein Beispiel: In einem Ringspinnsaal, der einen Rauminhalt von ~ 7200 m³ hat, ist zur Erwärmung der Raumluft, wenn diese von 14° C auf 22° C wieder hochgeheizt werden soll, eine Wärmemenge von 16 600 kcal erforderlich.

Die Erwärmung der Maschinen selbst in diesem Raum geht gegenüber der Raumluft mit erheblicher Verzögerung vor sich. Das ist verständlich. Wenn nämlich die Eisenteile der in dem untersuchten Saal vorhandenen 55 Ringspinnmaschinen dieselbe Temperaturzunahme erfahren sollen wie die Raumluft, dann muß ihnen die Wärmemenge von 370 000 kcal zugeführt werden. Die Wärmekapazität von Luft und Maschinenteilen steht also im Verhältnis von etwa 1 : 22. Diese Zahlen geben ein klares Bild. Der Unterschied wird aber noch größer, wenn in die Berechnung auch noch die Wärmeaufnahme von Mauerwerk, anderen Bauteilen, von im Raum vorhandenen Rohmaterialien usw. einbezogen wird.

Aus dieser Untersuchung ist folgende für den Textil- und insbesondere für den Spinnereibetrieb sehr wichtige Folgerung zu ziehen:

Die bekannten Schwierigkeiten im Spinnprozeß können nur dann vermieden werden, wenn entweder Vorsorge getroffen wird, daß während längerer Betriebspausen die Arbeitssäle nicht merklich auskühlen können, oder wenn die Raumheizungsanlage genügend lange Zeit vor Betriebsbeginn die Arbeitssäle intensiv durchwärmt. Eine dadurch erhöhte Belastung des Kohlenkontos wird durch Leistungssteigerung des Spinnereibetriebes und durch Einsparung an Rohstoffen bei weitem übertroffen (näheres s. Seite 27/28).

Fensterlose Bauweise

Bei der Behandlung der Raumluftfrage im Textilbetrieb ist die Bauweise der Fabrikgebäude zweifellos ein nicht zu unterschätzender Faktor. Ich halte ihn aber nicht für so wichtig, als daß man in erster Linie klimatechnischer Vorteile wegen der fensterlosen Bauweise in der Textilindustrie heute das Wort reden sollte. Fällt man hier nicht von einem Extrem, dem „Glasbau", in das andere Extrem, „den fensterlosen Bau"? Die Klimatechnik ist so weit entwickelt, daß auch in Fabrikräumen, die in normaler Bauweise ausgeführt sind, auf durchaus wirtschaftlich vertretbarer Basis die Beherrschung des Raumluftzustandes gewährleistet werden kann. Von dieser Seite dürften kaum Argumente beizubringen sein, die für den fensterlosen Bau sprechen. Man muß selbstverständlich darauf bedacht sein, die Produktionsräume gegen Wärmeverluste im Winter und gegen Sonneneinstrahlung im Sommer weitestgehend zu schützen. Gut isolierende Wände, Doppelfenster und

aluminiumgestrichene Dachflächen sind Mittel, die man sich unbedingt zunutze machen sollte. Das Kernproblem der fensterlosen Bauweise dürfte vorwiegend ein psychologisches sein. Und von dieser Seite wird diese Bauweise wenige Fürsprecher finden [1].

Wirtschaftlicher Kraftverbrauch der Klimaanlage

Lange Zeit hat sich die Textilindustrie nicht für den Einbau von Klimaanlagen entschließen können, obwohl mit den vorhandenen Befeuchtungsanlagen in Räumen mit hohem „spezifischen Wärmeanfall" keine befriedigenden Erfolge zu erzielen waren. Der Grund dafür waren die verhältnismäßig hohen Anlage- und Einbaukosten für Klimaanlagen und insbesondere die dafür aufzuwendenden Betriebskosten. Eine Einsparung an Betriebskosten ist möglich durch Kraftbedarfsverminderung des Zuluftventilators. Der Kraftverbrauch für die Förderung der Luft ist abhängig von der geförderten Luftmenge, dem gesamt zu erzeugenden Druck und dem Wirkungsgrad von Ventilator und Antriebsmotor. Lange schon wählte man für Klimaanlagen fast ausschließlich Zentrifugalventilatoren, deren Wirkungsgrad sehr zu wünschen übrig ließ. Er lag selten höher als 55%. Die Lüftungsindustrie bringt aber heute Zentrifugalventilatoren auf den Markt, die Wirkungsgrade von 72 bis 75% erreichen. Bei Schraubenlüftern sind sogar Wirkungsgrade bis zu 80% möglich.

Die erforderliche Zuluftmenge für den klimatisierten Arbeitssaal ist, wie wir wissen, abhängig von dem jeweiligen Wärmeanfall im Arbeitsraum und ändert sich entsprechend den jahreszeitlichen Schwankungen des Außenluftzustandes. In gleicher Weise ändert sich auch die Luftleistung des Ventilators. Die größte Kraftersparnis ist zu erzielen, wenn ein Schraubenlüfter mit stufenlos regelbaren Antriebsmotor gewählt wird. Beläßt man es jedoch bei einem starren Antrieb unter Verwendung eines Zentrifugalventilators, dann empfiehlt sich zumindest die wahlweise Benutzung einer Sommer- und einer Winterscheibe für den Antriebsmotor des Ventilators. In der kalten Jahreszeit wird mit der kleineren Scheibe gearbeitet, damit entsprechend der reduzierten Ventilatordrehzahl auch die geförderte Zuluftmenge und damit der Kraftverbrauch kleiner wird. Bei der Planung von Klimaanlagen sollten diese Fragen unbedingt gründlich erörtert und geprüft werden.

Verwertung der Fortluft aus klimatisierten Ringspinnsälen

Ein Teil der dem Arbeitssaal durch die Klimaanlage zugeführten Zuluft wird normalerweise durch Überdruckklappen oder andere Öffnungen als Fortluft ins Freie abgeführt.

Diese Fortluft aus klimatisierten Arbeitsräumen hat einen stets gleichbleibenden Zustand, genau so wie die Raumluft selbst. Da die Fortluft nun nicht abgeführt wird, weil sie verbraucht ist, sondern lediglich aus dem Grunde, um durch sie als Wärmeträger die überschüssige Wärme aus den Ringspinnsälen zu entfernen, liegt es sehr nahe, diese Fortluft im Betrieb noch weiter nutzbringend zu verwenden.

In Strecken- und Flyersälen wird eine Raumluft gefordert, die eine höhere Temperatur und eine niedrigere relative Feuchtigkeit als die Raumluft in Ringspinnsälen hat. Wenn Fortluft aus einem Ringspinnsaal in einen Strecken- und Flyersaal geleitet wird, dann wird diese Forderung ohne weiteres erfüllt, da der Zustand der zugeführten Luft durch den Wärmeanfall im Arbeitsraum in diesem Sinne geändert wird. Weiterhin kann diese Luft eine nochmalige Verwendung für den Batteur finden.

Man kann mit gutem Erfolg die Belüftung des Batteurs in das Verfahren zur Verwertung der Fortluft aus klimatisierten Ringspinnsälen mit einbeziehen. Dadurch können gleichzeitig die in vielen Betrieben im Batteur hinsichtlich Belüftung und Entstaubung vorhandenen Schwierigkeiten beseitigt und die durch betriebsbedingte Luftströmungen entstehenden Störungsquellen ausgemerzt werden.

---

[1] Siehe hierzu: Carl Emil Müller: Hoch- oder Flachbau und die fensterlose Bauweise. TEXTIL-PRAXIS, 1950, 1, 20. Die Schriftleitung.

In Textilbetrieben, in denen die Ringspinnsäle bereits mit Klimaanlagen ausgerüstet worden sind, die Klimatisierung der Vorspinnerei jedoch nicht durchgeführt wurde, kann man nach der hier gezeigten Methode mit verhältnismäßig einfachen Mitteln die Raumluftverhältnisse in der Vorspinnerei wesentlich verbessern.

Fadenabsauganlage und Klimatisierung

Wir stellten bereits fest, daß die Fadenabsauganlagen der Ringspinnmaschinen mit 15 bis 20% an dem gesamten Wärmeanfall im Ringspinnsaal beteiligt sind. Diese Wärmemenge ist so groß, daß sie bei der Klimatisierung unbedingt berücksichtigt werden muß, wenn man nicht Gefahr laufen will, das Gleichgewicht im Raumklima zu stören.

Man kann damit rechnen, daß bei einer Fadenabsauganlage an einer Ringspinnmaschine mit etwa 500 Spindeln die abgesaugte Luftmenge annähernd 2000 m³/h beträgt. Das sind, umgerechnet auf den voll mit Maschinen besetzten Arbeitsraum, als 50% der Zuluftmenge der Klimaanlage, die zur Aufrechterhaltung des erforderlichen Raumluftzustandes vom Ventilator der Klimaanlage in den Spinnsaal gefördert werden muß.

Am bekanntesten sind Fadenabsauganlagen, bei denen die abgesaugte Luft durch einen Ventilator nach Passieren des am Kopfende jeder Ringspinnmaschine montierten Filterkastens aus einer Öffnung senkrecht in den Arbeitsraum ausgestoßen wird. Diese Art der Luftführung ist in klimatisierten Ringspinnsälen und erst recht in Arbeitsräumen, die noch nicht vollklimatisiert sind, nicht günstig. Die ausgestoßene Luft über die ganze Länge der Ringspinnmaschine durch einen Luftkanal gleichmäßig zu verteilen, ist in spinntechnischer wie auch in klimatechnischer Hinsicht ebenfalls nicht zu empfehlen.

Als günstigste Lösung ist die gemeinsame Abführung der abgesaugten Luft aus allen Fadenabsauganlagen, soweit die zugehörigen Ringspinnmaschinen in einer Gruppe stehen, durch einen Sammelkanal zu betrachten, wenn nicht unüberwindliche bauliche Schwierigkeiten dagegen sprechen. Nach dieser Methode kommt die abgesaugte Luft nicht mehr mit der Raumluft in Berührung, sie wird der Jahreszeit entsprechend entweder in die Mischkammer der Klimaanlage oder ins Freie geführt. Bei der zentralen Luftabführung kann man entweder sämtliche Maschinen einer Gruppe an einen gemeinsamen Absaugventilator, der am Ende des Sammelkanals eingebaut wird, anschließen, oder man beläßt jeder einzelnen Fadenabsauganlage ihren eigenen Ventilator, der die abgesaugte Luft in den Sammelkanal drückt. Ob der einen oder der anderen Lösung der Vorzug zu geben ist, muß von Fall zu Fall geprüft und entschieden werden; beide haben ihre Vorteile und ihre Nachteile.

Die abgesaugten Fäden müssen, welche Art der Luftabführung man auch wählt, an jeder Maschine einzeln abgefiltert werden, damit anfallende Faserstoffe verschiedener Art sortimententsprechend dem Fertigungsprozeß wieder zugeführt werden können[2].

Anwendung übersättigter Luft

In der Baumwollweberei soll die Raumluft eine relative Feuchtigkeit von 80 bis 85% haben. Um diese hohen relativen Feuchtigkeitswerte zu erreichen, ist es zweckmäßig, Luftaufbereitungsanlagen zu verwenden, die dem Arbeitsraum die Zuluft nicht mehr in gesättigtem, sondern in übersättigtem Zustande zuführen. Dem Luftverteilungsrohr solcher Anlagen entweicht die aufbereitete Luft in sichtbarer Form als Nebelluft. Der Grad der Übersättigung darf nur so groß sein, daß nicht durch Tropfenbildung im Betriebe Anstände hervorgerufen werden. Versuche haben ergeben, daß 1 kg gesättigter Luft noch ~ 1,5 g Wasser in Nebelform aufnehmen kann und in diesem Zustande dem Websaal als Zuluft zugeführt werden darf. Diese über die Sättigungsgrenze hinausgehende Wassermenge verdampft durch den Wärmeanfall im Arbeitssaal und bindet zusätzlich Wärme.

Bei Anwendung übersättigter Luft ist die Raumtemperatur, die bei einer bestimmten relativen Raumluftfeuchtigkeit erreicht wird, stets größer als bei Anwendung gesättigter Luft, unter sonst gleichen Bedingungen. Und zwar ist dieser Temperaturunterschied um so größer, je niedriger die verlangte relative Raumluftfeuchtigkeit ist. Während dem Temperaturunterschied bei hohem relativen Luftfeuchtigkeitsgehalt wenig Beachtung geschenkt zu werden braucht, spielt er jedoch bei niedrigeren relativen Feuchtigkeitswerten oft eine wesentliche Rolle. In Ringspinnsälen darf man diese Methode nicht wählen, weil dann die Raumlufttemperatur besonders im Sommer unerträglich hoch sein würde. In Webereien führen Luftbefeuchtungsanlagen, die mit übersättigter Luft arbeiten, zu einem durchaus befriedigendem Ergebnis. Klimaanlagen, wie sie für Ringspinnsäle unerläßlich sind, wären hier nicht am Platze, bedingt auch schon durch den verhältnismäßig niedrigen „spezifischen Wärmeanfall" in der Weberei.

Wenn in Webereien durch vorhandene Luftbefeuchtungsanlagen nicht die erforderliche relative Raumluftfeuchtigkeit erreicht werden kann, dann ist zu empfehlen, die bestehenden Anlagen durch Druckluftzerstäubungsanlagen zu ergänzen und diese mit automatischer Regelung auszurüsten.

Hinweise über die Luftführung bei der Klimatisierung

Je größer der Luftwechsel im Arbeitsraum ist, desto leichter können sich die durch die Luftaufbereitungsanlage entstehenden Luftströmungen störend bemerkbar machen. Der Luftwechsel ist verhältnisgleich dem Wärmeanfall im Arbeitssaal. In Räumen mit großem Wärmeanfall muß deshalb die Luftführung ganz besonders beachtet werden.

Man muß nun unterscheiden zwischen der Zuführung der Zuluft in den Arbeitssaal einerseits und der Abführung der Um- und Fortluft aus dem Arbeitssaal andererseits.

Die Zuluft wird dem Arbeitssaal meistens durch Luftverteilungskanäle zugeführt. Dadurch wird von vornherein die Geschwindigkeit der austretenden Zuluft überall klein gehalten. Außerdem sind die Luftauslaßöffnungen auf Grund jahrelanger Erfahrungen strömungstechnisch so gut ausgebildet, daß sie kaum zu Beanstandungen Anlaß geben.

Ganz anders ist es bei der Abführung der Umluft aus dem Arbeitssaal. Hierbei bedarf es von Fall zu Fall bei jeder Anlage einer vorhergehenden sorgfältigen Planung und Überlegung, um Luftströmungen zu vermeiden, die den Fertigungsgang stören und die Behaglichkeit der Arbeiter an einigen Stellen im Arbeitsraum sehr in Frage stellen können. Das trifft jedoch nur für Klimaanlagen oder für Anlagen mit zentraler Luftaufbereitung zu.

Aus lufttechnischen Gründen ist es zweckmäßig, die Zentrale der Klimaanlage — also Mischraum, Wascher und Ventilator — möglichst nahe am Arbeitssaal aufzubauen. Der Textilfachmann aber verlangt, daß durch den Einbau einer Klimaanlage nicht wertvoller Arbeitsraum verlorengeht und keine Arbeitsmaschinen entfernt werden müssen. Beiden Ansprüchen kann man aber nur in den seltensten Fällen gerecht werden.

Bei Klimaanlagen muß die gesamte aus dem Spinnsaal zurückgeführte Umluft durch das Umluftansauggitter zum Mischraum zurückströmen.

In den kalten Jahreszeiten, wenn die Umluftmenge am größten ist, sind die Luftströmungen im Bereich des Umluftansauggitters so groß, daß ein längeres Verweilen für den Menschen an dieser Stelle unmöglich ist und der Spinnvorgang an den unmittelbar vor dem Ansauggitter stehenden Maschinen außerordentlich großen Störungen unterworfen ist, wenn man die Stellung der Maschinen so beläßt, wie sie vor Einbau der Klimaanlage war. Die Maschinen stehen meistens parallel zum Umluftansauggitter.

Nicht selten müssen zwei Ringspinnmaschinen unmittelbar vor dem Umluftansauggitter wegen zu starker Umluftströmungen entfernt werden. Sogar an der dritten Maschine geht das Spinnen infolge großer Umluftgeschwindigkeiten nicht immer glatt vonstatten. Während des Spinnvorgan-

[2]) Siehe auch: Dipl.-Ing. W. Schubert: Fadenabsaugung an der Ringspinnmaschine, TEXTIL-PRAXIS, 1950, 1, 27.

ges werden die Fäden durch den Luftstrom von der Maschine weg zum Umluftansauggitter hingezogen. Das führt zu häufigen Fadenbrüchen und hat eine Leistungsminderung zur Folge.

Um eine solche Produktionseinbuße zu verhindern, muß man unbedingt darauf sehen, einmal das Umluftansauggitter so groß wie eben möglich auszubilden und zum anderen, wenn die baulichen Verhältnisse es zulassen, ein zweites Umluftansauggitter an einer Seitenwand des Arbeitsraumes senkrecht zu den Ringspinnmaschinen, durch einen Luftkanal mit dem Mischraum der Klimaanlage in Verbindung stehend, einzubauen. Wenn die örtlichen Verhältnisse es gestatten, ist diese letztere Anordnung immer am besten, da dann die Umluft durch die Gänge zwischen den einzelnen Maschinen zum Ansauggitter gelangen kann.

Einzelluftbefeuchtungsapparate, wie man sie vornehmlich in Webereien findet, sind meistens mit Luftheizapparaten (Kaloriferen) kombiniert. Diese Kaloriferen müssen luftseitig so montiert werden, daß sie nur dann in den Luftstrom eingeschaltet sind, wenn geheizt werden muß. Zuzeiten, wenn die Befeuchtungsanlage ohne Heizung betrieben wird, müssen sowohl Umluft als auch Frischluft in den Befeuchtungsapparat gelangen können, ohne das Heizaggregat zu passieren. Wenn die Luft ständig durch die Kaloriferen geführt wird, — eine Anordnung, die man des öfteren findet, — ist nach verhältnismäßig kurzer Betriebszeit eine umständliche Reinigung unvermeidlich, da der in der Webereiraumluft enthaltene feine Schlichtestaub die Lamellen des Heizkörpers verkrustet und den normalen Wärmedurchgang unterbunden hat.

Erhöhen Klimaanlagen den Kostenaufwand für Heizung in Ringspinnsälen?

Bei dieser Frage ist in direkter oder indirekter Weise unter Kostenaufwand ausschließlich der Verbrauch an Kohlen zu verstehen. Rohstoff Kohle ist einer der wichtigsten Faktoren in unserer heutigen Wirtschaft. Es ist deshalb ganz kategorisch zu fordern, alle nur möglichen Vorkehrungen und Maßnahmen zu treffen, die geeignet sind, Kohlen zu sparen oder deren Ausbeute auf das höchstmögliche Maß zu steigern.

Aus diesen Erwägungen heraus hört man verschiedentlich in Fachkreisen der Textilindustrie die diesen Ausführungen zugrunde gelegte Frage.

Wenn man nun untersuchen will, wie klimatisierte Ringspinnsäle das Kohlenkonto des Betriebes belasten, dann muß man zunächst unterscheiden zwischen der aufzubringenden Wärmeenergie für die Herstellung und der aufzubringenden Wärmeenergie für die Erhaltung der für den Spinnvorgang notwendigen Raumlufttemperatur.

Nach längeren und auch kürzeren Arbeitspausen ist es in der kalten Jahreszeit notwendig, die Arbeitsräume im Textilbetrieb und von diesen besonders die Ringspinnsäle so zu heizen, daß nicht nur die Temperatur der Raumluft, sondern auch die Temperatur der Maschinenteile der Spinnmaschinen selbst bei Betriebsbeginn möglichst nicht unter 22 bis 24° C liegt. Das schlechte Laufen der Arbeitsmaschinen nach längeren Betriebsstillständen ist oft nur darauf zurückzuführen, daß die Maschinenteile noch zu kalt sind, wenn der Betrieb beginnt. Hierüber habe ich an anderer Stelle[1]) an Hand von Untersuchungsergebnissen aus der Praxis nähere Ausführungen gemacht.

Bei der Herstellung einer für den Fertigungsvorgang günstigen Raumlufttemperatur darf man für das Anlaufen des Betriebes die Raumluftbefeuchtung vernachlässigen. Man kann in diesem Falle die Klimaanlage als reine Raumluftheizungsanlage betrachten. Hierbei wird die Raumluft von dem Ventilator der Klimaanlage aus dem Arbeitsraum angesaugt und, durch die Lufterhitzer (Kalorifere) erwärmt, wieder in den Ringspinnsaal geführt. Bei diesem Luftumwälzverfahren bleibt die automatische Regeleinrichtung der Klimaanlage außer Betrieb. Gegenüber veralteten Heizungsanlagen aus einfachen Rohrsträngen mit glatten oder gerippten Rohren hat diese Methode der Raumluftheizung einen erheblichen Vorteil. Die luftströmungstechnisch sehr gut ausgebildeten Luftkanäle neuzeitlicher Klimaanlagen verteilen die erwärmte Luft gleichmäßig im Arbeitsraum und leiten die Warmluft auch zu den Arbeitsmaschinen. Es gibt also nicht die ungünstige schichtenweise Lufterwärmung im Arbeitsraum wie bei der Strangheizung, wobei die Raumluft unter der Decke warm wird, während in Höhe der Arbeitsmaschinen die Raumluft weit unter der

Solltemperatur bleibt. Die auf diese Weise für die Herstellung der notwendigen Raumlufttemperatur mit Klimaanlagen aufzuwendende Wärmeenergie ist nicht größer als bei einfachen Heizungsanlagen, sie bringt aber einen wesentlich besseren Erfolg.

Würde man jedoch die Klimaanlagen für die Aufheizung der Arbeitsräume schon vor Betriebsbeginn mit voller Automatik fahren, d. h. mit anderen Worten, wenn man die Luft in der Klimaanlage auf eine relative Feuchtigkeit von 100% — auf den Taupunkt der Raumluft — bringen und sie in diesem Zustande als Zuluft dem Arbeitsraum zuführen würde, dann wäre der Wärmeaufwand beträchtlich. Wie groß die Wärmebedarfszahlen in diesem Falle sein würden, wird an späteren Untersuchungen gezeigt werden. Da diese Fahrweise aber auch noch aus anderen Gründen (siehe Ausführungen unter [1])) für die Praxis nicht zu empfehlen ist, erübrigen sich hier nähere Erörterungen darüber.

Den Kernpunkt unserer Frage, ob Klimaanlagen den Kostenaufwand für Heizung in Ringspinnsälen erhöhen, sollen die nachfolgenden Untersuchungen über die Verhältnisse während der Betriebszeit bilden. Es soll zahlenmäßig untersucht werden, ob Klimaanlagen zur Erhaltung der für den Spinnvorgang notwendigen Temperatur und relativen Feuchtigkeit der Raumluft, also des „Textilklimas", einen Mehrverbrauch an Kohlen bedingen.

Es ist selbstverständlich, daß die Textilindustrie heute hierüber Aufklärung verlangt, um vielleicht das Kohlenkonto entlasten zu können. Die Betriebskontrolleinrichtungen sind heute in der Textilindustrie durchweg noch nicht so vollkommen vorhanden, als daß man durch sie eindeutige Zahlenwerte erhalten und entsprechende Rückschlüsse ziehen könnte. Um so mehr werden deshalb diese Ausführungen ein willkommener Fingerzeig sein.

Wenn man prüft, was die eigentliche Veranlassung am Ende war, insbesondere Ringspinnsäle zu klimatisieren, dann wird man feststellen, daß das in erster Linie die unerträglich hohen Raumlufttemperaturen in diesen Betriebssälen waren. Sie gaben den Ausschlag, vollautomatische Luftaufbereitungsanlagen einzubauen. Die Raumluftfrage im Ringspinnsaal ist in unserem Klima gleicherweise im Sommer wie im Winter kein Heizproblem, sondern ein Kühlproblem.

Ringspinnmaschinen sind durch ihren in Wärme umgesetzten Kraftbedarf eine sehr große Wärmequelle. Drei Wärmequellen ergeben im Arbeitssaal praktisch den gesamten Wärmeanfall, und zwar:

1. Wärme durch den Kraftverbrauch der Maschinen,
2. Wärme durch die Menschen,
3. Wärme durch den Einfluß der Außenluft.

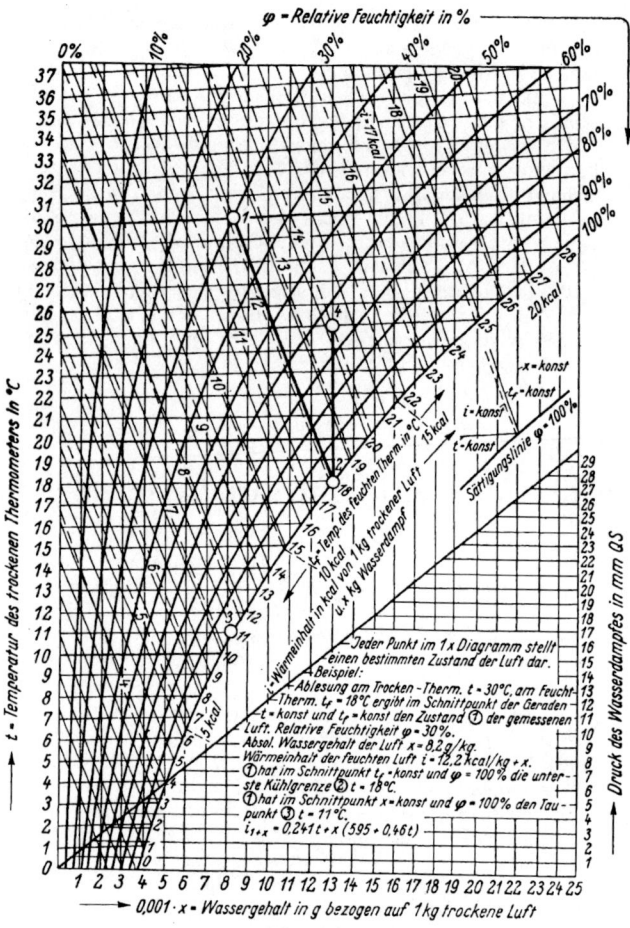

Bild 1. Ix-Diagramm für feuchte Luft nach Mollier mit zusätzlichen
Geraden $t_f = $ konst.; $b = 760$ mm QS.

Der Wärmeeinfluß der Außenluft hat im Sommer einen
positiven und im Winter einen negativen Wert, er ist abhängig sowohl von außenklimatischen Verhältnissen als auch
von der Bauweise der Arbeitsräume.

Ich habe für die Arbeitsräume der Baumwolle und Zellwolle verarbeitenden Textilindustrie die Werte für den Wärmeanfall aus den drei obengenannten Wärmequellen ermittelt und die auf 1 m² Grundfläche in der Stunde im Arbeitsraum anfallende Wärme als „spezifischer Wärmeanfall" des
betreffenden Arbeitsraumes bezeichnet. Für einen Ringspinnsaal beträgt der „spezifische Wärmeanfall" etwa
175 kcal/m² h $\pm Q_{AL}$. Darin ist Q_{AL} der veränderliche Wert
für den Wärmeeinfluß der Außenluft[1]).

Wir wollen jetzt an einem Beispiel die Wärmeflußverhältnisse für einen klimatisierten Ringspinnsaal während der
Betriebszeit untersuchen:

In einem Ringspinnsaal mit einer Grundfläche von etwa
1800 m², in dem bei wirtschaftlicher Raumausnutzung etwa
30 000 Spindeln laufen können, beträgt der stündliche Wärmeanfall etwa 315 000 kcal. Diese Wärmemenge wird
im Sommer noch vermehrt durch Sonneneinstrahlung und
durch den Temperatureinfluß der Außenluft. In der kalten
Jahreszeit wird ein Teil dieses Wärmeanfalls durch Gebäudeteile, durch Wände, Fenster und Decken abgeführt. Für
unsere Untersuchungen ist es wichtig, diesen Wärmeverlust
zu erfassen.

Um Heizungsanlagen richtig zu bemessen, muß man für
die meisten Orte Deutschlands eine Tiefsttemperatur von
— 15° C für die Wärmebedarfsberechnung einsetzen. Dadurch hat man die Gewähr, daß die Anlagen auch bei größerer Kälte nicht versagen. Es ist richtig, danach Heizungs-

¹) Oldenhage, Raumluftfrage in der Industrie.

und auch Klimaanlagen auszulegen. Aber für die Ermittlung des Wärmeaufwandes für Heizung ist diese Zahl nicht
maßgebend. Für unsere Untersuchungen muß vielmehr eine
mittlere Wintertemperatur in Rechnung gesetzt werden.
Wir wollen sie — 5° C annehmen. Und wenn während
der Betriebszeit für einige Stunden tiefere Außentemperaturen auftreten, dann werden diese Temperatureinflüsse von
außen meistens durch Wärmespeicherwirkung der Gebäudeteile überbrückt und weitgehend abgeschwächt. Aber auch
eine sich über längere Zeit erstreckende stärkere Frostperiode
vermag unser Gesamtbild nicht wesentlich zu beeinträch-
tigen, wenn wir mit einer mittleren Wintertemperatur von
— 5° C rechnen.

Wenn wir weiter annehmen, daß die Außenwände, Decken
und Fenster des Ringspinnsaales eine Gesamtfläche von
$F = 2400$ m² haben, daß die durchschnittliche Wärmedurch-
gangszahl dieser Gebäudeteile $k = 2$ kcal/m² h° C ist und
daß der Ringspinnsaal eine Raumtemperatur von 23° C
haben soll, dann beträgt der Wärmeverlust durch den Einfluß der Außenluft

$$Q_{A1} = F \cdot k \cdot \Delta t = 135\,000 \text{ kcal/h.}$$

Es stehen somit stündlich noch $315\,000 - 135\,000 =$
180 000 kcal für die Aufbereitung der Raumluft durch die
Klimaanlage zur Verfügung. Oder man kann auch sagen, daß
stündlich noch 180 000 kcal aus dem Arbeitssaal abzuführen
sind, wenn die Raumlufttemperatur nicht eine über den
Sollwert hinausgehende Höhe annehmen soll.

Es zeigt sich an Hand dieser Zahlen schon, daß die Klimatisierung von Ringspinnsälen auch bei einer Außentemperatur von — 5° C ein Kühlproblem ist. Aber damit ist
unsere Frage noch nicht beantwortet. Es muß noch klar-
gelegt werden, wie groß der Wärmeverbrauch von Klimaanlagen ist. Dazu müssen wir die physikalischen Eigenschaften feuchter Luft kennen, soweit sie für den Betrieb
von Klimaanlagen ausschlaggebend sind. Das in Bild 1 dar-
gestellte Ix-Diagramm gibt hierüber in sehr klarer Weise
Aufschluß. Verfolgen wir einmal die physikalischen Vorgänge, wie sie sich bei der Aufbereitung von Luft für die
Klimatisierung von Arbeitsräumen abspielen. Wenn beispielsweise Luft von 30° C und 30% relativer Feuchtigkeit
(Zustand 1 in Bild 1) dem Befeuchter einer Klimaanlage
zugeführt und mit dem Befeuchtungswasser so intensiv in
Berührung gebracht wird, daß die Luft vollständig mit
Feuchtigkeit gesättigt wird, die relative Feuchtigkeit also
auf $\varphi = 100\%$ ansteigt, dann wird die Luft auf 18° C, auf
die unterste Kühlgrenze, abgekühlt (Zustand 2). Das dabei
im Kreise geführte Betriebswasser behält immer die Temperatur von 18° C bei, ohne auf künstliche Weise gekühlt
zu werden. Für den auf lufttechnischem Gebiete weniger
Geschulten ist dieser Vorgang sehr überraschend. Er wird
aber leicht verständlich, wenn man berücksichtigt, daß bei
diesem Vorgang die Temperatur der Luft zwar erheblich
abnimmt, daß aber der Wärmeinhalt der Luft praktisch
konstant bleibt. Die Luft gibt fühlbare Wärme ab und
nimmt eine äquivalente Menge an Wärme durch die Sättigung mit Wasserdampf als nicht fühlbare Wärme wieder
auf. Der hier beschriebene Abkühlungsvorgang verläuft
immer auf einer Geraden $t_f = $ konst. An Hand des Ix-
Diagramms läßt sich für jeden beliebigen Luftzustand also
die jeweilige unterste Kühlgrenze ermitteln, die ohne Anwendung künstlicher Kühlmittel zu erreichen ist.

Verfolgen wir jetzt den weiteren Zustandsverlauf bei der
Klimatisierung an unserem Zahlenbeispiel in Bild 1. Die auf
18° C abgekühlte und vollständig gesättigte Luft wird durch
die Klimaanlage als Zuluft in den Arbeitsraum gefördert.
Diese Zuluft erfährt im Arbeitsraum praktisch weder eine
Feuchtigkeitsverminderung noch nimmt sie an Feuchtigkeit
zu. Eine Zustandsänderung erfolgt lediglich durch den
„spezifischen Wärmeanfall" im Arbeitsraum. Diese Zustandsänderung verläuft bei gleichbleibender absoluter
Feuchtigkeit auf der Geraden $x = $ konst. Als Endzustand
der Raumluft (spez. Raumklima) läßt sich nun jeder Wert
erreichen, der auf der durch den Zustand 2 (18° C) verlau-

fenden Geraden $x =$ konst. liegt. Man braucht nur die im Arbeitsraum anfallende Wärmemenge mit der zuzuführenden Luftmenge in Einklang zu bringen. In Bild 1 ist es beispielsweise der Zustand 4 mit einer Raumlufttemperatur von 25° C und einer relativen Feuchtigkeit von 65%. Bei den hier gewählten Zahlenwerten wird von jedem dem Arbeitsraum zugeführten Kilogramm Luft (= 0,85 m³) eine Wärmemenge von $\sim 1,9$ kcal abgeführt. Diese Wärmemenge kann auch dem Ix-Diagramm in Bild 1 entnommen werden, da die Geraden $i =$ konst. den jeweiligen Wärmeinhalt der Luft anzeigen. Der Unterschied zwischen dem Wärmeinhalt der Raumluft (Zustand 4) und dem der Zuluft bei Verlassen der Luftaufbereitungsanlage (Zustand 2) ergibt die von 1 kg Luft abgeführte Wärmemenge.

Soweit die Ausführungen über die physikalischen Eigenschaften feuchter Luft, wie sie für unsere weiteren Untersuchungen zweckmäßigerweise bekannt sein müssen.

Wir haben bereits für einen Ringspinnsaal mit etwa 30 000 Spindeln die Wärmeflußverhältnisse ermittelt und dabei festgestellt, daß bei einer Außentemperatur von — 5° C noch 180000 kcal für die Klimatisierung des Arbeitsraumes zur Verfügung stehen. Wenn die für diesen Arbeitsraum aufbereitete Raumluft einen Zustandsverlauf hat, wie er in Bild 2 dargestellt ist, dann müssen bzw. dürfen dem Raum stündlich

$$\frac{180\,000}{\varDelta\, i_{1\text{-}2}} = \sim 95\,000 \text{ kg} (= \sim 80\,000 \text{ m}^3) \text{ Luft}$$

zugeführt werden, damit die Raumluft den Zustand 3 ($t =$ 23,2° C, $\varphi = 60\%$) ohne Anwendung zusätzlicher künstlicher Heizung beibehält. Die Menge der zugeführten Luft muß sich also dem Wärmeanfall im Arbeitsraum anpassen. Ist das immer zu erreichen?

Die Luftleistung von Klimaanlagen muß so groß sein, daß auch im Sommer, wenn der durch den Einfluß der Außenluft anfallende Wärmeanteil Q_{AL} seinen maximalen Wert erreicht, die Herstellung und Erhaltung des spezifischen Raumklimas gewährleistet wird. Die Luftmengenregeleinrichtungen von Klimaanlagen sind meistens so eingerichtet, daß die Zuluftmenge im Bedarfsfalle auf 50% der maximalen Förderleistung automatisch herabgemindert werden kann.

Mit dieser Feststellung kommen wir zur praktischen Nutzanwendung unserer Untersuchungen. Wenn der Wärmeanfall im Arbeitsraum so klein geworden ist, daß die zuzuführende Luftmenge auf weniger als die halbe maximale Förderleistung absinken muß, dann werden automatisch die in der Klimaanlage vorhandenen Heizaggregate eingeschaltet, da sonst die Raumluft einen zu niedrigen Temperaturwert und eine zu hohe relative Feuchtigkeit annehmen würde. Und damit tritt dann der Fall ein, daß Klimaanlagen eines zusätzlichen Kostenaufwandes für Heizung bedürfen. Ob und wann diese kritische Grenze unterschritten wird, hängt von verschiedenen Faktoren ab. Bei Arbeitsräumen, die in leichter Bauweise ausgeführt sind, kommen außenklimatische Einflüsse verhältnismäßig rasch zur Geltung. Shedbauten sind gegenüber Hochbauten hierbei meistens im Nachteil. Und von den Shedbauten sind Räume mit doppeltverglasten Fenstern günstiger als solche, deren Fenster einfache Glasfüllung haben. Weiter ist auch von Belang, inwieweit sich Windanfall auf die innenklimatischen Verhältnisse auswirken kann.

Ferner spielt der Ausnutzungsgrad der Arbeitsmaschinen in den Arbeitssälen eine große Rolle. Wenn beispielsweise in einem Ringspinnsaal eine größere Anzahl von Spinnmaschinen außer Betrieb gesetzt werden müssen, dann ist es oft sehr schwer, mit der für Vollbetrieb ausgelegten Klimaanlage ein in heizungstechnischer Hinsicht günstiges Resultat zu erzielen. Wenn in einem Textilbetrieb aus irgendwelchen Gründen zahlreiche Ringspinnmaschinen nicht laufen können, dann ist möglichst so zu disponieren, daß der eine oder andere Arbeitssaal ganz aus dem Arbeitsprozeß herausge-

nommen wird, während dafür dann andere Arbeitsräume voll laufen können. Wenn trotzdem schon bei mittleren Wintertemperaturen der Außenluft die in Ringspinnsälen vorhandenen Klimaanlagen die Heizaggregate mit in Anspruch nehmen müssen, dann kann in solchen Fällen noch dadurch Abhilfe geschaffen werden, daß die Drehzahl des Ventilators der Klimaanlagen vermindert wird. Es empfiehlt sich deshalb die wahlweise Benutzung einer Sommer- und einer Winterscheibe für den Antriebsmotor des Ventilators. In der kalten Jahreszeit wird mit der kleineren Scheibe gearbeitet, damit entsprechend der reduzierten Ventilatordrehzahl auch die geförderte Zuluftmenge kleiner wird.

Zusammenfassend kann gesagt werden, daß im großen und ganzen bei Beachtung der genannten Mittel und Wege die Klimatisierung von Ringspinnsälen den Kostenaufwand für Heizung nicht erhöht, weil der „spezifische Wärmeanfall" in diesen Räumen verhältnismäßig groß ist. Ja, es ist oftmals sogar noch möglich, überschüssige Wärme aus Ringspinnsälen abzuführen und für Arbeitsräume mit kleinerem „spezifischem Wärmeanfall" zu verwerten. An Hand von Bild 2 sei auf diese Möglichkeit noch in kurzen Zügen hingewiesen. Zustand 3 ist der Endzustand der klimatisierten Raumluft. Aus unseren Untersuchungen über die physikalischen Eigenschaften feuchter Luft wissen wir, daß im Befeuchter der Klimaanlage beim Abkühlungsvorgang der zugeführten Luft immer auf einer Geraden $t_f =$ konst. erfolgt. Wenn also die Raumluft mit dem Zustand 3 wieder dem Befeuchter zugeführt würde, dann würde diese Luft den Zustand 4 annehmen. Es soll aber der Zustand 2 für die Zuluft hergestellt werden. Das ist nur möglich, wenn ein

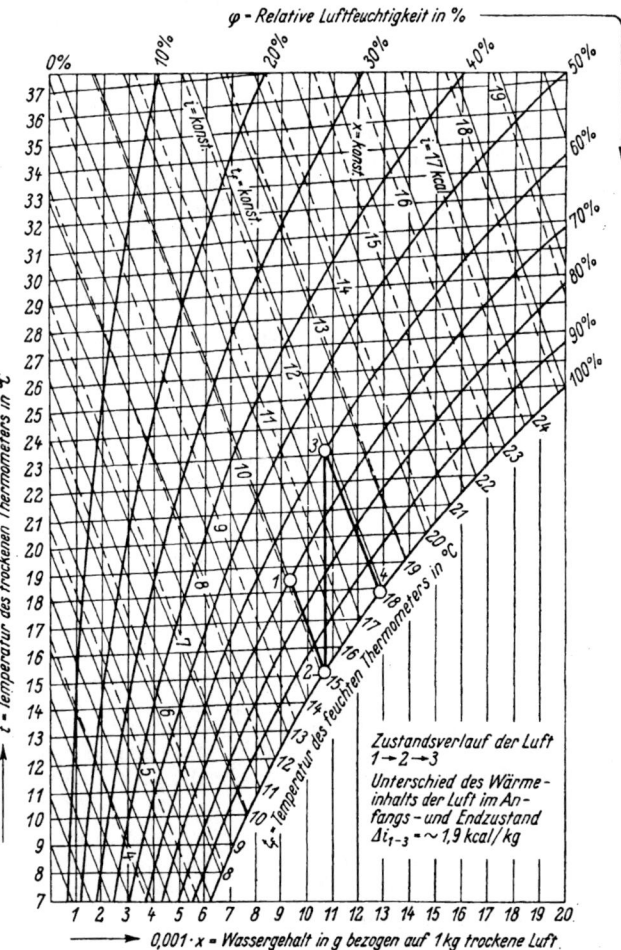

Bild 1. Ix-Diagramm für feuchte Luft.

Teil der Raumluft (weil deren Wärmeinhalt zu groß ist), durch Frischluft von draußen ersetzt wird. Die Anteile von Raumluft und Frischluft müssen zueinander in einem solchen Verhältnis stehen, daß der Zustand dieser Mischluft auf derjenigen Geraden t_f = konst. liegt, die durch die Zustandspunkte 1 und 2 verläuft.

Durch diese physikalischen Verhältnisse ist es bedingt, daß bei der Klimatisierung von Ringspinnsälen Wärme frei wird, die an anderer Stelle nutzbringend verwertet werden

kann. Das ist von großer praktischer Bedeutung. Auf Seite 54—56 ist ausführlich dargelegt, mit welch verhältnismäßig geringen Mitteln die Verwendung überschüssiger Wärme aus Ringspinnsälen möglich ist.

Bei richtiger Lösung der Raumluftfrage im Textilbetrieb erhöhen Klimaanlagen nicht den Kostenaufwand für Heizung in Ringspinnsälen, sondern es ist sogar die Möglichkeit gegeben, überschüssige Wärme aus diesen klimatisierten Arbeitsräumen in anderen Betriebsräumen zu verwerten.

Luftbefeuchtung in der Zellwollspinnerei

In den letzten Jahren vor dem Kriege ist die Raumluftfrage in der Textilindustrie einer befriedigenden Lösung sehr viel näher gekommen. Die Forderungen, die an das durch lufttechnische Anlagen in dieser oder jener Betriebsabteilung zu erzeugende Raumklima gestellt werden mußten, waren schon sehr klar und eindeutig.

Infolge der Kriegsverhältnisse konnten zwar in vielen Textilbetrieben bereits geplante Luftaufbereitungs- und Klimaanlagen, die sowohl in fertigungstechnischer als auch hygienischer Hinsicht sich bestens zu bewähren versprachen, zunächst nicht mehr ausgeführt werden.

Inzwischen sind aber in zahlreichen Textilbetrieben die raumklimatischen Verhältnisse andere geworden, nachdem vielerorts eine Umstellung von Baumwoll- und Mischfaserbasis auf reine Zellwollbasis durchgeführt worden ist. Dadurch sind lufttechnische Maßnahmen notwendig geworden, die sich von den früheren unterscheiden und über die in Fachkreisen noch vielfach Unklarheit besteht.

Alle Faserstoffe haben eine mehr oder weniger große Aufnahmefähigkeit für Feuchtigkeit. Bei normalen mittleren Feuchtigkeits- und Temperaturwerten der Luft beträgt der Feuchtigkeitsgehalt beispielsweise bei Baumwolle 8,5% und bei Viskosezellwolle 11%, bezogen auf das absolut trockene Gewicht der Faserstoffe. Derartige Zahlen sind für alle Spinnstoffe gesetzlich festgelegt, um eine klare und gerechte Handelsgrundlage zu geben, obwohl die Feuchtigkeitswerte von Fasern gleicher Art doch kleine Abweichungen voneinander je nach Herkunft und Herstellung aufweisen[1].

Aus diesen sogenannten Konditionierzuschlägen kann man jedoch nicht schließen, welcher Raumluftzustand für die Verarbeitung der Faserstoffe jeweils am günstigsten ist. Beispielsweise erfordern Wolle und Azetatzellwolle beide bei der Verarbeitung eine verhältnismäßig hohe relative Raumluftfeuchtigkeit, obwohl Wolle einen sehr hohen Feuchtigkeitsgehalt, nämlich etwa 18%, hat, während der Feuchtigkeitsgehalt der Azetatzellwolle[2] bei normaler Luftfeuchtigkeit nur etwa 5 bis 6% beträgt. Der Feuchtigkeitsgehalt der Faserstoffe ist bedingt durch verschiedene Eigenschaften, wie z. B. Struktur oder Oberflächenbeschaffenheit, er hängt davon ab, ob es sich um tierische, pflanzliche oder künstliche Faserstoffe handelt. Auf theoretische Weise kann für die einzelnen Faserstoffe nicht von vornherein bestimmt werden, welche Zustände der Raumluft die verschiedenen Fertigungsvorgänge am günstigsten beeinflussen. Es bleibt immer praktischen Versuchen und Erfahrungen vorbehalten, das „spezifische Raumklima", d. h. den bestmöglichen Raumluftzustand für eine bestimmte Faser und eine bestimmte Betriebsabteilung, festzustellen.

Wenn hier nun des weiteren von Luftbefeuchtung in der Zellwollspinnerei die Rede sein soll, dann muß vorausbemerkt werden, daß das umfangreiche und für jeden Textil-

fachmann wichtige Gebiet der Luftaufbereitung und Klimatechnik in der Textilindustrie in großen Zügen als bekannt vorausgesetzt wird. Ich habe an Hand zahlreicher Betriebsversuche und Messungen, Erfahrungen und Berechnungen darüber in sehr ausführlicher Weise an anderer Stelle berichtet[3]. Kupfer- und Viskosezellwollen haben bei allen Luftfeuchtigkeitsgraden eine annähernd übereinstimmende Wasseraufnahmefähigkeit. Der Einfluß der Raumluft auf die Fertigungsvorgänge dürfte demnach bei beiden Arten Zellwolle derselbe sein. Die hier folgenden Ausführungen beziehen sich jedoch auf Viskosezellwolle, die heute bei weitem die Hauptrolle spielt, beruht doch die Gesamtherstellung der Zellwolle schätzungsweise zu 90% und mehr auf dem Viskoseverfahren.

Nach der Umstellung von Baumwolle auf Zellwolle hat man zuerst allgemein den Fehler begangen, in der Ringspinnerei mit einem zu hohen und in den vorangehenden Fertigungsabteilungen mit einem zu niedrigen relativen Feuchtigkeitsgehalt der Raumluft zu arbeiten.

Bei der zielbewußten Nutzbarmachung der Raumluft für eine Verbesserung der Arbeitsvorgänge in der Spinnerei haben zwei charakteristische Eigenschaften der Zellwolle eine ausschlaggebende Bedeutung, das sind

1. Die Substanzfestigkeit der Zellwollfaser,

2. das elektrostatische Aufladevermögen der Zellwolle.

Während die Festigkeitswerte der Baumwolle mit zunehmendem Feuchtigkeitsgehalt anwachsen, ist es bei Zellwolle gerade umgekehrt, die Zellwollfestigkeit ist um so kleiner, je größer der Feuchtigkeitsgehalt ist. Diese Festigkeitseigenschaft der Zellwolle wirkt sich unter allen Fertigungsvorgängen verständlicherweise am stärksten im eigentlichen Spinnprozeß aus. Mit abnehmender Festigkeit steigt die Anzahl der Fadenbrüche. Dadurch ist der relativen Raumluftfeuchtigkeit im Ringspinnsaal nach o b e n hin eine Grenze gesetzt. Hinzu kommt noch, daß infolge der durch höheren Feuchtigkeitsgehalt entstehenden größeren Haftfähigkeit der Zellwolle ebenfalls die Wickelbildung in den Streckwerken mit der Feuchtigkeit zunimmt.

Die nachteiligen Folgen, die die Aufladung der Zellwolle mit statischer Elektrizität bei der Verarbeitung mit sich bringt, können nur dadurch verhütet oder doch wenigstens stark herabgemindert werden, indem die relative Luftfeuchtigkeit des Arbeitssaales nach u n t e n hin begrenzt wird. Die elektrostatische Empfindlichkeit der Zellwolle ist durchweg größer als die der Baumwolle. Da alle Einzelfasern in gleichem Sinne aufgeladen werden, stoßen sie sich gegenseitig ab. Die abgespreizten Einzelfasern lassen rauhes und ungleichmäßiges Garn entstehen; Flusenbildung und Entstehung von Faserflug werden begünstigt. Zwischen den aufgeladenen Fasern und den Maschinenteilen findet ein elektrischer Ausgleich statt, die Fasern werden von den Metallteilen angezogen, bis sie ihre Ladung abgegeben haben. An der Ringspinnmaschine führt auch dieser Vorgang zu

[1] J. Obermiller, Die Abhängigkeit des Feuchtigkeitsgehaltes der Textilfasern von der herrschenden Luftfeuchtigkeit. Melliand Textilberichte 1926, Seite 71.

[2] P. Braun, Rhodia-Zellwolle. Melliand Textilberichte 1937, S. 572.

[3] O. Oldenhage, Raumluftfrage in der Industrie.

Wickelbildungen, genau wie bei zu großer Feuchtigkeit, obwohl die Ursache eine ganz andere ist.

Bedeutend unangenehmere Störungen vermögen aber die elektrostatischen Aufladungen an Karden und Strecken hervorzurufen. Dadurch, daß die aufgeladenen Fasern von der Abnehmerwalze zu den äußeren eisernen Gestellteilen der Karde wandern, um ihre Ladung abzugeben, wird oft eine einwandfreie Vliesbildung beeinträchtigt. Ähnliche Erscheinungen können an den Trichtern festgestellt werden, wodurch Nummernschwankungen im Kardenband entstehen oder die Bandbildung sogar gestört wird. Des weiteren setzen sich infolge der elektrostatischen Faseraufladungen die Trommelbeschläge schneller voll, so daß das Ausstoßen in wesentlich kürzeren Zeitabständen erfolgen muß.

Ebenfalls an den Strecken führen die durch die elektrostatische Aufladung „widerspenstig" gewordenen Faserbänder zu Störungen im Arbeitsprozeß.

All diesen Erscheinungen kann man in wirksamer Weise dadurch begegnen, daß man die relative Raumluftfeuchtigkeit unter einen bestimmten Sollwert nicht herabsinken läßt. Es ist bekannt, daß durch Luftbefeuchtung auch die Staubentwicklung wesentlich gehemmt werden kann. Wenn nun bei der Verarbeitung von Zellwolle der Staubanfall längst nicht so groß ist wie in der Baumwollspinnerei, so wirkt sich der Feuchtigkeitsgehalt der Luft aber doch insofern sehr günstig aus, als dadurch die Entwicklung von Faserflug weitgehend unterbunden wird.

Aus den bisherigen Ausführungen ersehen wir, daß sowohl ein Zuviel als auch ein Zuwenig an Befeuchtung für die Zellwollspinnerei vom Übel ist.

Als Richtlinie sind folgende relative Feuchtigkeitswerte der Raumluft für die verschiedenen Abteilungen und Arbeitsmaschinen in der Zellwollspinnerei zu empfehlen:

1. Mischraum
   Batteur   } 45 bis 50%.
   Karden

2. Strecken
   Flyer   } 55%.
   Ringspinnmaschinen

Es handelt sich hier um Feuchtigkeitswerte, wie sie mit dem Aspirations-Psychrometer gemessen werden. Wenn jedoch die relative Raumluftfeuchtigkeit mit einem einfachen Psychrometer ohne künstliche Belüftung ermittelt wird, dann müssen höhere Meßwerte erzielt werden, da die mit diesen Geräten festgestellten Resultate weit über den wirklich vorhandenen Werten liegen. (Näheres darüber siehe unter Fußnote 3).

In dem oben für Gruppe 1 angegebenen Bestwert der relativen Raumluftfeuchtigkeit ist bereits die zulässige Toleranz enthalten; die für die Arbeitsmaschinen unter Gruppe 2 genannte relative Feuchtigkeit von 55% ist ein anzustrebender Mittelwert, der um etwa 3 relative Feuchtigkeitsprozente über- oder unterschritten werden darf, ohne daß man dabei Störungen im Arbeitsprozeß befürchten müßte.

Ein allzu ängstliches Klammern an ganz präzise Werte wäre ja aus dem Grunde auch schon verfehlt, weil doch nicht alle Zellwollsorten Feuchtigkeit gegenüber dasselbe Verhalten zeigen. Auch Titer und Stapel spielen hierbei eine gewisse Rolle. Deshalb mögen die genannten Zahlen so aufgefaßt und verwertet werden, wie sie gemeint sind, nämlich als Richtschnur. Es wird keinem Betriebsleiter schwer sein, von Fall zu Fall von diesen Richtwerten nach oben oder unten etwas abzuweichen, um damit dann für seinen Betrieb und die dort verarbeitete Zellwolle das Richtige zu treffen.

Wenn in einem Arbeitssaal Zellwolle und gleichzeitig auch Baumwolle verarbeitet wird, dann soll der für Zellwolle richtige Raumluftzustand vorhanden sein, weil Baumwolle weniger klimaempfindlich ist als Zellwolle.

Bei der Verarbeitung von Zellwolle ist dem Betriebsmann mit der Angabe von Feuchtigkeitswerten der Luft

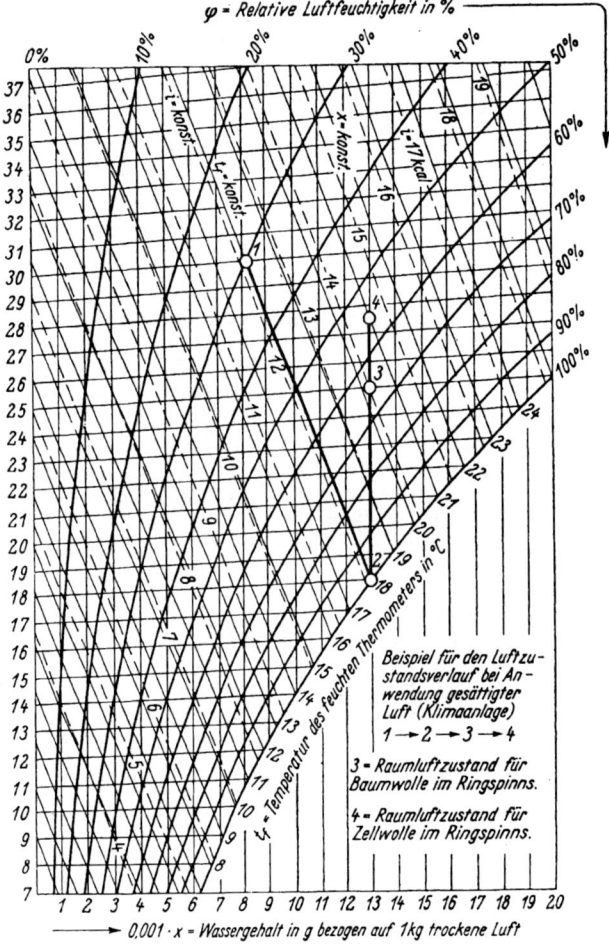

Bild 1. I x-Diagramm für feuchte Luft.

allein nicht gedient. Ebensosehr hat man der Temperatur der Raumluft Beachtung zu schenken. Baumwolle ist verhältnismäßig temperaturunempfindlich. Das ist bei Zellwolle ganz anders. Die Verarbeitung von Zellwolle erfordert für alle Fertigungsvorgänge warme Arbeitsräume. Als Richtzahl wiederum sei hier für alle Betriebsabteilungen in der Zellwollspinnerei die

Raumlufttemperatur = 22 bis 25° C

genannt. Manchmal ist es zweckmäßig, sogar eine noch höhere Temperatur zu wählen. Es sollte aber auf jeden Fall vermieden werden, die Raumlufttemperatur unter 22° C sinken zu lassen. Wenn der Betrieb schlecht läuft, dann ist das sehr oft auf eine zu niedrige Temperatur im Arbeitssaal zurückzuführen.

Warum eine hohe Raumlufttemperatur auf alle Arbeitsvorgänge in der Zellwollspinnerei einen so günstigen Einfluß ausübt, kann man in allen Einzelheiten ganz eindeutig heute noch nicht begründen.

Man ist vielfach der Ansicht, daß der Feuchtigkeitsgehalt der Faserstoffe nur abhängig von der relativen Luftfeuchtigkeit ist und im selben Verhältnis wie diese ansteigt und fällt, gleichgültig, wie groß der absolute Wassergehalt der Luft jeweils ist (bei gleichbleibender relativer Luftfeuchtigkeit von 50% beträgt der absolute Wassergehalt in 1 kg trockener Luft beispielsweise bei 10° C etwa 3,8 g und bei 25° C dagegen 10,0 g, siehe Bild 1).

Im großen und ganzen findet man diese Theorie immer wieder bestätigt, man muß dabei aber doch die kleine Einschränkung machen, daß der Faserfeuchtigkeitsgehalt bei steigender Temperatur und gleichbleibender relativer Luftfeuchtigkeit etwas zurückgeht. Es ist also verständlich, daß die Ringspinnmaschinen bei höheren Temperaturen besser laufen, weil dann die Festigkeitswerte der Zellwolle infolge des etwas geringeren Faserfeuchtigkeitsgehaltes günstiger liegen. Daß hohe Raumtemperaturen sich aber auch auf den Arbeitsvorgang an den Karden so gut auswirken, ist eigentlich nicht so einleuchtend, da es hier insbesondere darauf ankommt, die elektrostatische Aufladung des Fasermaterials zu verhüten.

Immer wieder hört man, daß der Spinnereibetrieb nach Betriebspausen schlecht läuft. Die Ursache ist in der mangelhaften Beheizung der Arbeitsräume zu suchen. Wenn das schon bei Baumwolle der Fall ist, dann trifft das erst recht für Zellwolle zu. Es genügt nicht allein, durch kurzes Heizen die Raumluft auf die erforderliche Temperatur zu bringen, sondern es muß so geheizt werden, daß auch die Arbeitsmaschinen selbst nahezu Raumtemperatur vor Arbeitsbeginn angenommen haben[3]).

Wie sind nun die Forderungen, die der Textilfachmann an das Raumklima in der Zellwollspinnerei stellen muß, mit den heutigen Luftbefeuchtungs- und Klimaanlagen in Einklang zu bringen?

In Ringspinnsälen sind wegen des hohen „spezifischen Wärmeanfalls" sowohl aus fertigungstechnischen als auch besonders aus gesundheitlichen Gründen Klimaanlagen, d. h. Luftbefeuchtungsanlagen mit selbsttätiger Regelung von Temperatur und Feuchtigkeit, unbedingt erforderlich. Durch Umstellung von Baumwolle auf Zellwolle ist die für den Ringspinnsaal notwendige relative Luftfeuchtigkeit um 10 bis 15 relative Feuchtigkeitsprozente vermindert worden. Das hat zur Folge, daß in der heißen Jahreszeit beim Verspinnen von Zellwolle oft eine höhere, die Behaglichkeitsgrenze übersteigende Temperatur in Kauf genommen werden muß, als das in der Baumwollspinnerei der Fall ist.

In Bild 1 ist ein Beispiel dafür eingetragen: Die Außenluft mit einer Temperatur von 30° C und einer relativen Feuchtigkeit von 30% wird im Befeuchter der Klimaanlage auf die Feuchtthermometer-Temperatur der Außenluft von 18° C abgekühlt. Diese Temperatur ist der Taupunkt der Raumluft (deshalb Taupunktsregelung der Klimaanlage). Wenn eine relative Raumluftfeuchtigkeit von 65% verlangt wird, dann beträgt die Temperatur im Arbeitssaal 25° C, soll aber die relative Feuchtigkeit auf einen Wert von 55% gebracht werden, dann muß die Temperatur zwangsläufig auf etwa 27,5° C ansteigen. Ist die Außentemperatur noch höher und die relative Feuchtigkeit niedriger, dann liegt auch die Raumtemperatur noch entsprechend höher, was aus dem Ix-Diagramm in Bild 1 leicht ersichtlich ist.

Nun sind aber solche außenklimatische Verhältnisse bekanntlich nicht an sehr vielen Tagen im Jahre vorhanden. Abhilfe kann man nur dadurch schaffen, daß Kühlwasser in großen Mengen zur Verfügung gestellt wird oder daß die Klimaanlage zusätzlich mit einer Kühlmaschine ausgerüstet wird.

Für Strecken- und Flyersäle sind Klimaanlagen mit Taupunktsregelung aus wirtschaftlichen Gründen nicht zu empfehlen. Da in diesen Arbeitsräumen der „spezifische Wärmeanfall" nur 30 bis 40% von dem der Ringspinnsäle beträgt, sind die Betriebskosten verhältnismäßig hoch, weil die Wirkungsweise der Klimaanlage oft selbst im Sommer noch künstliche Heizung notwendig macht. Im Strecken- und Flyersaal läßt sich in befriedigender Weise auch mit einfacheren Mitteln eine gute Lösung finden. Darauf kann hier jedoch nicht näher eingegangen werden; der Leser möge sich an Hand der bereits genannten Schrift[3]) über diesen Punkt orientieren.

Beim Kardieren von Baumwolle ist sehr oft eine künstliche Luftbefeuchtung nicht erforderlich, zumal wenn der Kardensaal an andere befeuchtete Arbeitsräume angrenzt.

Bei der Verarbeitung von Zellwolle kommt man jedoch ohne Luftbefeuchtung nicht aus, besonders nicht in den kalten Jahreszeiten. Man ist geneigt, hier manchmal zu recht primitiven Mitteln zu greifen. Durch einfaches Verspritzen von Wasser auf dem Fußboden oder Einströmenlassen von Dampf in den Arbeitsraum wird versucht, den durch zu trockene Luft verursachten Betriebsstörungen zu begegnen. Diese Maßnahmen sind jedoch vollkommen verfehlt, eine kürzere Lebensdauer der Garnituren und der vorzeitige Verschleiß anderer Maschinenteile sind die Folge. Auch für den Kardensaal ist die Lösung der Raumluftfrage nicht schwierig, hier trifft dasselbe zu, was schon für den Strecken- und Flyersaal gesagt wurde.

Durch Wahl geeigneter Raumluftverhältnisse ist man immer in der Lage, in der Zellwollspinnerei in allen Arbeitsphasen feuchtigkeitsbedingte Störungen zu vermeiden.

Ob es aber notwendig sein wird, gute oder schlechte Eigenschaften der Zellwolle, die zwar durch den Raumluftzustand gefördert oder auch ausgemerzt werden können, nun aber auch ausschließlich nur durch den Raumluftzustand beeinflußt werden müssen, ist eine andere Frage. Es ist durchaus denkbar, daß der Zellwolle auf andere Weise als durch Luftbefeuchtung Eigenschaften gegeben werden können, die ein einwandfreies Verarbeiten in der Spinnerei gewährleisten. Auf folgende Möglichkeiten möchte ich hinweisen:

1. Die bekannten elektrostatischen Aufladungen der Zellwolle können durch Luftbefeuchtung vermieden werden. Es sind aber auch elektrotechnische Einrichtungen entwickelt worden, durch die diese Aufladungen unwirksam gemacht werden können[5]). Sobald diese Geräte so weit durchgebildet sind, daß sie praxisreif sind, dann hat die Luftbefeuchtung in dieser Hinsicht an Bedeutung verloren[6]). Es sind auch noch andere Verfahren bekannt geworden, nach denen durch Erdung verschiedener Maschinenteile die Aufladung an den Karden unschädlich gemacht wird.

2. Nach dem Vistra-Spinnverfahren werden die Arbeitsgänge in den ersten Abteilungen der Spinnerei wesentlich abgekürzt. Dadurch besteht die Möglichkeit, daß die Zellwolle Arbeitsprozesse noch mit ihrem natürlichen Feuchtigkeitsgehalt durchläuft, in die sie im normalen Spinnverfahren bereits mit einem durch Ausgleich mit der Raumluft verminderten Feuchtigkeitsgehalt gelangt. Damit würden die bekannten nachteiligen Auswirkungen durch die elektrischen Aufladungen an Karden und Strecken vielleicht ebenfalls fortfallen.

3. Durch Anwendung eines Schmälzmittels soll die elektrostatische Empfindlichkeit der Zellwolle verringert oder die Aufladung der Fasern sogar vermieden werden. Ob auf diesem chemischen Wege durch Schmälzen Vorteile auch bei der Verarbeitung von Zellwolle zu erzielen sind, muß noch die Praxis lehren. Die Möglichkeit besteht durchaus.

4. Die Zellwolle hat im Laufe ihres Werdeganges manche Verbesserung erfahren. Im Gegensatz zu allen natürlichen Fasern können der Zellwolle erwünschte Eigenschaften sozusagen mit auf den Weg gegeben werden. Vielleicht gelingt es den Herstellern auch noch, die Zellwolle klimaunempfindlicher zu machen.

Aber auch dann, wenn die Zellwolle weiter so verarbeitet werden muß, wie es heute geschieht, wird es nicht schwierig sein, in lufttechnischer Hinsicht solche Arbeitsbedingungen zu schaffen, die zu Störungen keinen Anlaß geben.

[5]) E. Meister, Ursachen und Folgen der elektrostatischen Aufladung von Faserstoffen. Melliand Textilberichte 1938, S. 21.
[6]) G. Neuhof, Über die Beseitigung der statischen Elektrizität in der Textilindustrie. TEXTIL-PRAXIS 1950, S. 224.

Erkenntnisse und Erfahrungen
aus Theorie und Praxis
vermittelt seit mehr als 70 Jahren der

GESUNDHEITS-INGENIEUR

Die Zeitschrift für angewandte Hygiene und
Gesundheitstechnik in Stadt und Land

Herausgegeben von:
Prof. Dr. W. von Gonzenbach, Zürich - Prof. Dr. F. Meinck,
Berlin-Dahlem - Dr.-Ing. Karl Imhoff, Essen - Dr.-Ing. Albrecht Kollmar, Berlin-Haselhorst - Dipl.-Ing. Eberhard
Sprenger, Berlin-Neukölln - Dr. Walther Liese, Berlin-Lankwitz - Dr. F. Puntigam, Wien

Der ,,Gesundheits-Ingenieur'' erscheint einmal monatlich
als Doppelnummer.
Vierteljahresbezug [DM 8.40,   Im Jahresbezug DM 33.60

Der ,,Gesundheits-Ingenieur'' behandelt alle Fragen der
Heizungs- und [Lüftungstechnik, der hygienischen Einrichtungen von öffentlichen, industriellen und privaten Gebäuden, des Badewesens, der allgemeinen Gesundheitspflege,
der städtischen und ländlichen Wasserversorgung, der Straßenpflege, der Städtereinigung, der Kanalisation, der Verwertung und Beseitigung von Abfallstoffen und Abwässern,
der Verkehrs- und Gewerbehygiene unter weitgehender
Berücksichtigung dieser Probleme im Rahmen
des Wiederaufbaus.

R. OLDENBOURG VERLAG MÜNCHEN